HUMAN NATURE

这就是人性

王心傲 著

台海出版社

图书在版编目（CIP）数据

这就是人性 / 王心傲著 . -- 北京 : 台海出版社，
2022.4（2025.1 重印）
ISBN 978-7-5168-3261-5

Ⅰ . ①这… Ⅱ . ①王… Ⅲ . ①心理学—通俗读物
Ⅳ . ① B84-49

中国版本图书馆 CIP 数据核字 (2022) 第 053097 号

这就是人性

著　　者：王心傲	
责任编辑：赵旭雯	封面设计：异一设计

出版发行：台海出版社

地　　址：北京市东城区景山东街 20 号　　邮政编码：100009

电　　话：010-64041652（发行，邮购）

传　　真：010-84045799（总编室）

网　　址：www.taimeng.org.cn/thcbs/default.htm

E - mail：thcbs@126.com

经　　销：全国各地新华书店

印　　刷：三河市嘉科万达彩色印刷有限公司

本书如有破损、缺页、装订错误，请与本社联系调换

开　　本：880 毫米 ×1230 毫米	1/32	
字　　数：200 千字	印　　张：8.25	
版　　次：2022 年 4 月第 1 版	印　　次：2025 年 1 月第 23 次印刷	
书　　号：ISBN 978-7-5168-3261-5		

定　　价：56.00 元

写在前面

在这本书里，我结合自身经历和咨询案例，对自己多年对人性的洞察做了系统总结，希望能够带你理解人性的底层逻辑，清理由来已久的错误思维。

本书分为三个部分。第一部分带你看见人性，我们看到的很多事情往往只是表象，其背后隐藏的真相才真正值得深思。如果你觉得世界很复杂，无论怎么努力都过不好这一生，那么这部分内容可以帮助你活成一个明白人。第二部分带你学习人性，借助对人性的认知来提升自己的思维深度，转变固有的不合理思维，洞见背后的本质规律，并将其揉进自己的认知框架中。第三部分带你运用人性，只有放大人性的优点，规避人性的弱点，才能在这复杂的人世间清醒地做事、做人、处世。

你可以把《这就是人性》当作一本清醒生存指南，看见人性的幽微，理解人性的底层逻辑，你就能对这个世界多一份理解和包容。我更希望，你能通过这本书学会三种现实主义思维。

第一，客观。生活中有太多的人都是活在自己臆想的世界里，他们认为，只要努力，就一定能成功；只要对别人好，别人就会对自己好；只要付出了，别人就会感激自己。正是这种自我中心的思维带给自己无限的烦恼。

第二，认命。很多人对认命存在认知误区，其实认命不是妥协，而是成熟，不拧巴，不执着。只有认命，才不会盲目自信，接受现实，知道自己可以改变的是什么，并基于自己的能力范围付出努力。

第三，有效性。你要学会跳出所谓的对错导向思维，而是用效果导向来处世。这是一个人走向成熟的标志。拥有有效性思维，你就不会执着于是非黑白，而是能基于现实做出可行性思考：我这样做离想要的结果是更近了还是更远了？我做这件事的初衷是什么？怎样做才能得到我想要的结果？

所以，靠近人性、思考人性，并不是致力于看穿他人、掌控关系，而是更加了解自己、掌控自己。我们终将明白，人世间所有事情都不可控，可控的只有自己。当我们把力量往内放，才会有更强大的勇气去面对不可控的未来。希望通过这本书，你能够回归现实，活得真实、勇敢，当下做的每一个选择都是最好的。

目　录
Contents

第三章　关系的本质，是价值的交换和博弈

第二部分　学习人性：
用人性逻辑升级认知与思维

第四章　跳出传统思维陷阱，做一个清醒的思考家

第五章　知己更知彼，把握关系主动权

第六章　永远不要高估别人，也不要低估自己

第三部分　运用人性：
做事、做人、处世

第七章　清醒做事：教你破解成事困局

第八章　清醒做人：永远不要挑战人性

第九章　清醒处世：成事不傲，败事不丧

看见人性：
看穿底层逻辑，
活成一个明白人

第一部分━━━━━━━━━━━━━━━━━━━━━━━━━━>>>

第一章
关于人性，你该早点知道的真相

人性的底色，不是善恶

人性本善，还是人性本恶？

关于这个问题，几千年来都没有一个明确的答案。如果我们非要绝对地讨论出是非对错，反而掉进了二元对立思维的误区。这个世界上有太多东西，是不能单纯以是非善恶评判的，我们要看见对错之外的灰色地带。

当我们喜欢用是非对错来评判某件事、某样东西、某个行为时，说明我们的认知格局还不够高。面对万千世界，我们每个人的知识都太有限了，我们对事物的评判都受控于现有的认知……事物的存在都有不确定性，今天我们所信奉的"真理"，在未来的某一天很可能会轰然倒塌。所以真正境界高的人，都不会轻易评判一件事。

当我们想要单纯在人性的善与恶之间做一个绝对划分时，说明我们还并未真正成熟。那在我们已有的认知下，唯一可以界定的是什么呢？是人性中都有自私的基因。

○ 自私的基因，是人赖以生存的本质

如果一个小婴儿不自私，他是难以生存下来的。家里有婴儿的人们都有这样的经历，他在饿的时候，或者身体不舒服的时候，比如发烧，都会哭闹，但这时他会不会顾及大人累不累？是不是在深夜？很显然是不会的。因为这个时候，他处在全能自恋阶段。

当婴儿长大些，看到大人吃东西的时候，他又会怎么做呢？他即便还没有学会说话、走路，但是已经懂得从大人的手里夺吃的。这个时候的小孩子是没有经过外界环境的塑造和打磨的，但基于个体生存的本性，他会全然去考虑自己的需要如何得到满足。

人靠自私的基因来完成优胜劣汰。从生物进化论的角度来看，假若我们的祖先不自私，不先考虑自身生存问题，那么在残酷的生存竞争中，他们存活下来的概率会更低。我们人类能存活下来，站在自然界的顶端，体内天然携带的"自私的基因"起到了决定性作用。

可随着人类文明的发展，我们能够看到人身上散发出的付出、善良、乐于助人等优良品质。但是，我们不能说人的自私基因就进化掉了。事实上，在文明的引导下，有着自私基因的人完全可以成为一个好人、善人。每个人都是自私的，但每个人也都有可

能成为大善的人。反过来，再善良无私的人，其骨子里也有着自私的一面。

自私意味着什么？意味着每个人都会选择当下最有利于自己的行为，但这种"利"，显然不仅仅体现在金钱上，还包括精神需求、信仰等。哪怕你做一件事，仅仅是因为做了之后感到很快乐，这也是一种自私，因为你是为了自己去做的。所以，在情绪满足上，你是"自私的"，如果做一件事让你感到很痛苦，你大概率是不会做的。

我们不能否认父母之爱很伟大，但是亦不能否认这其中有自私基因的存在，比如为什么父母对自己的孩子比其他孩子更好？为什么父母对自己的儿女，一般都好过对自己的父母？为什么会有"养儿防老"的说法？抑或是你有没有经常听父母说"你要努力读书，将来光宗耀祖"这些话？

事实上，关系的背后本就是价值交换，但我们要注意的是，"价值"可以是世俗层面的物质价值，也可以是精神层面的心理价值。很多父母在养儿育女的过程中获得了心灵的寄托和爱的回流，这在他们来看或许是更有意义和价值的事情。

↻ 极致的自私注定毁灭，道德的价值显而易见

可能还会有人会质疑："自私无可厚非，那为什么还会有道德？"试想一下，如果人人都追求极致的自私，都想获取更多的利益，而没有一些规则去制约，那么会发生什么情况？最直接的后果可能就是，同种族之间相互杀戮、抢夺资源，长远来看，其结果是灾难性的。

这种方式最后必然导致人类整体力量的大幅度衰减，在对抗其他威胁时就会处于下风，长期下去整个种族可能都会消亡。经过过去一次又一次的惨痛教训，人类也发现了这个事实。所以为了避免这种糟糕的情况发生，人类开始尝试合作，以获取更长远的利益。

可是，盲目的、毫无章法的合作又滋生了很多问题。为了解决和避免这些问题，人们尝试制定一些规则来限制彼此，这些规则经过长期的演化，最终就形成了道德。

所以，从这个角度来看，产生道德的根源，其实就是人性的自私。因为拥有道德对人类的生存更有利，所以人类才制定道德标准。因此，我们在认知上不应该把"自私"与"道德"完全对立。此外，与人合作，其实在一定程度上也是一种自私的表现。因为合作，是我们经过综合考量后所做出的对当下最有利的选择。

◎ 为何自私不招人待见？

既然自私是人性的一个基因，那为什么我们的文化习惯性地、普遍地将其视为一个贬义词，一点也不待见它呢？其实有三方面原因。

原因一：自私本性的表现。有一个有趣的悖论，很多人一边大喊着不要自私，对自私嗤之以鼻，一边却又做着自私的行为。所以如果你过分对自私有意见，极度排斥，最终受伤的可能是自己。因为自私已经变相地成为一些谋利者的工具，他们向大家营造一种不应该自私的普世观，当大家以此为践行标准，甚至连本该属于自己的合法权益都放弃的时候，毫无疑问他们就能最大限度地获利。

所以，自私不招人待见，本质上来说是挺委屈的。过度的自私当然不对，但是合理的自私是生存的基石。一个人如果都不为自己考虑，其实很难相信他会完全为别人考虑。

原因二：社会的稳定不需要精明的利己主义者。太自私的人，对他人和社会都不是一件好事。如果人人都一味地自私自利，从自身出发去社交，那么就会出现相互掠夺资源的失控场面，最终的结果是人人都无法生存，更无法得到好处。如果人人都想着获取最大的利益，不顾其他，社会还能稳定吗？显然不能。

原因三：人人都渴望归属，而不是被孤立。每个人都不想被贴上"自私""势利"的标签，因为一旦被贴上了，别人自然而然就会觉得跟他交往而获利的可能性不大，所以就不会跟他相处，转头找别人了，这样他就成了人群中的孤岛，无法获得归属感。所以聪明的人会在归属与自私之间找到平衡。他们既能在社交、合作中保护自身利益，又不会一直让对方吃亏，从而将关系维持下去。

所以，自私并不是不好，而是不能一味地只主张自私自利，忽视了对他人需求的回应。也就是说，我们每个人都应该善良，但是善良也应该有一个底线。

活得通透的人不会给自己贴标签，让自己活在"老好人"的评价下，他们敢于正视自己内心自私的需求，并懂得在人际关系中选择利于自己的最佳行为。世界上极少存在绝对无私的人，真正成熟的人，必然都是看破并且敢于接受人性自私的。

而没有足够的勇气看清并接受真相的人，往往会做出失误的决策，错失机会，甚至对别人的"合理"行为做出错误反应。比如当公司的一个职位出现空缺的时候，他可能为了不被说势利，而不敢去争取；而对于那些敢于积极争取自己合理权益的人，他却觉得对方卑鄙。

所以，清醒一点，也勇敢一点，自私的本质没有对错，不敢面对、承认这一人性的弱点，反而会让自己成为人性的囚徒。

◌ 世界美好无限，但也不能回避丑陋

你是一个特别重感情的人吗？

你能接受世界有时候并没有那么美好的事实吗？

在给大家分享很多关于人性方面的认知和接了不少咨询后，我发现，很多人对这个世界都有着太多的主观预期，这些预期大都超级美好，让人陶醉。比如很多人觉得：我只要对你好，你就会对我好；我很看重这份感情，所以你也会同样真心待我……

这些预期的美好得就像童话故事，可偏偏也成了我们诸多问题的根源。因为无论我们如何自我陶醉，这终究只是我们的主观假设，社会现实终究会让我们慢慢发现人性的真相。如果你对人性背后的现实认识得不够透彻，注定要因此受伤。

感情，本质上属于关系的一种。既然是关系的一种，那么很显然，这背后必然是需要有利益支撑的。如果一段关系里只有所谓的感情，这样的关系反而是最脆弱的、不稳定的。

我两个最好的兄弟去年闹翻了，闹到两个人连在同一个城市待着都觉得难受的程度，所以现在天各一方。为什么呢？这两个

人前年发现了一个商机，就一起合作创业，以前虽然好到穿一条裤子，但是并没有在一起共过事。合作之后，因为很多决策都涉及利益，两个人就在很多问题上的意见不一致，慢慢就有了矛盾。

而且最重要的是，两个人有了矛盾，可是又念及感情，一直忍着、压抑着，最后忍无可忍，爆发了。两个人闹得非常厉害，闹到老死不相往来，我怎么劝都无济于事。曾经信誓旦旦地说着彼此间感情比天高、比海深的人，没多久后就被自己"打脸"了。

我给学员授课时还讲过一个故事，A同事开着B同事的车出去玩，结果不小心撞到了一个人，要赔对方十几万元。因为是A开的车，所以自然要A负责，可是A不同意，非说这车是B的，B也有一半责任。结果两个感情同样比天高、比海深的人瞬间就换了一副姿态，开始相互追究责任，闹得特别僵，现在都成了仇人。

感情很美好，但是世界上太多事都具备了不可预期的复杂性和多变性。感情更是如此，这里面的变量有太多，比如你变了，我变了，我们都变了，外在因素（利益）变了……任何一个因素的变化都可能导致整体的变化。一旦你单纯地将某一时期的形态定义成永恒，往往很容易会受伤。

刘邦，原本是一个平头老百姓，最后却当上了皇帝，他凭什么能做成皇帝？靠的是韩信、萧何和张良的帮助。当时韩信手握兵权，他的好友蒯通劝他自立为王，小心提防刘邦，可是韩信念及知遇之恩，沉浸在感情里，没有听蒯通的。结果刘邦得了天下，四海平定之后，马上就把韩信给杀了。其中的道理很值得揣摩。

为什么四海平定之前，刘邦不对韩信出手，甚至还把面子功夫做得特别足，表现得重情重义？因为此刻的韩信对他有用，他需要利用韩信扫除对手。等到四海平定后，在刘邦的眼里，韩信就成了一个威胁。当感情与利益发生冲突时，刘邦选择了利益。

在人与人的合作中，遍体鳞伤的人往往都是没有深刻认识到感情本质的人。我经常说，我们因为有感情，所以生活充满了更多意义，但是基本上问题也来源于此。因为人只要活着，就要跟其他人交往，简单说就是人必须也必然要在关系中存活，那么想要在其中活得更通透些，就必然要学会做好感情和利益的区分。可惜很多人容易将二者混为一谈，要么只靠感情，要么只谈利益，这导致一旦感情遇上利益，感情很容易分崩离析。

很多人接受不了在感情面前谈利益，但我们要客观地认清一个事实：人性有自私的一面，如果我们只是看到人性的美好，而忽视其丑陋的一面，这是盲目、主观的自我欺骗。我们不否认很多感情很伟大、很无私、很高尚，但是如果我们把这种神圣的感情理解为人性真相，那就很可能会远离真相。

你要有菩萨心肠，也要有金刚手段

经常有人问我，一个人真正成熟的标志是什么？在我看来，体现一个人变得成熟的标志有很多，但其中最重要的一个是：能够接纳这个世界的灰色。

◯ 认识灰色、接纳灰色

你小时候有没有看过白雪公主、小红帽和狼外婆、卖火柴的小女孩、丑小鸭这些童话故事？在这些故事里，善与恶总是那么分明，而且善良的人最终都获得了回报。童话让我们感觉这世界真是太简单、太美好了。

小时候，我们通过童话的方式来认识这个世界，这是没有问题的，它能培养我们心中的爱。但是慢慢长大后，随着逐渐步入社会，你就要明白，童话世界之所以美好，是因为它只是人们的一种心理希冀。人们期盼世界是单纯而美好的，社会也倡导好人得到好报，坏人得到惩罚。这都是人们的梦想和期待，但现实世界要冰冷、残酷得多。

在生活中，善良的人不一定得到好报，善意也并非总是换来尊重，好人也并不一定不会成为恶魔。人性是复杂的，童话世界最显著的特点就是简化了人性和世界，把它变成了二元对立，非黑即白。成年后，我们发现，用童话般的思维去生活、处世，会很受伤，童话滤镜会被现实打得稀碎。

我们终将意识到真实的世界是很复杂的——好人也有糟糕的一面，美好的爱情掺杂着欲望和伤害，一件看似是礼物的东西日后可能会变成炸弹……

所以，一个人慢慢成熟，应该会发现很难用好、坏去定义一个人、一件事，或者定义自己。因为真实的世界本身就是非常复杂的、多变的、很难去定义的。这意味着我们需要走出想象中的世界，对生活和自我建立更加深刻的认知，培养自己的灰度思维，即学会在对与错、黑与白之间看到更加复杂的颜色。

我年轻的时候读三国，非常喜欢刘备，认为刘备是好的一方，他是中山靖王之后，又非常讲义气；而曹操非常坏，是奸诈小人。可是现在再来看三国，我发现我读出了完全不一样的含义。刘备也好，曹操也好，都没有绝对的好与坏之分，他们只不过是站在不同的立场做着不同的事而已。当你换一个角度去看待他们的时候，就会得到不同的答案。

比如赵子龙长坂坡舍命救了刘阿斗后，刘备是怎么做的，他要当面摔了自己的孩子，他真的那么爱护自己的将领吗？或许只是为了笼络人心吧。从这点来看，刘备也并非不用奸诈之计。曹操也并不是一个十足的坏人，关羽能够过五关斩六将，赵子龙能单枪匹马，闯出长坂坡，也有部分源自曹操爱才、惜才，不痛下杀手。

现实中的很多事，往往不是非黑即白、非对即错的；现实中的很多人，往往也不是非善即恶、非敌即友的。对于任何的人与事，当你换个角度去看，就是另一番光景。

所以成熟的标志之一，就是认识灰色、接纳灰色。因为，灰色才是世间万物发展的常态。如果我们只用"对"和"错"去判断事情和人，会发生什么事呢？我们会掉进"主观的陷阱"，偏离真相。

↻ 把控"度"，去绝对化

这世上高明的智慧之一，就是对"度"的把控，它诠释的是平衡之道，我们可以用三句话来理解。

凡事都在于"度"的把控，没有绝对。

凡事过了度，就会朝对立的方向发展，物极必反，乐极生悲。

凡事只求八分圆，才是最高境界。

很多人为什么能成功？他们除了看到了人性的灰色地带，还在于能够把控好待人接物的"度"，时刻都能找到平衡点。

高先生在三年前娶了娇妻苏女士，婚礼办得相当气派，两个人更是被当成圈里的模范夫妻，一直表现得相亲相爱，举案齐眉。

可是就是这样一对"神仙眷侣",前段时间却出事了。原来高先生无意中发现老婆背地里跟另一个男人来往,她出轨了。这消息一传出来,一时之间众说纷纭,身边人都大张旗鼓地站在"被出轨者"的阵营里,认为高先生是受害者,更值得同情,都一面倒地口诛笔伐苏女士。

其实,这就是典型的普通人思维,简单说就是:不是你错了,就是他错了。夫妻中的一方出轨,到底是谁的错?真正的智者都明白,促成一个结果的原因太多了,双方一定是黑白交错,所以他们会选择站在两个圈子外的灰色地带。俗话说,一个巴掌拍不响。

就拿上面的例子来说,苏女士出轨自然是她的不对,可是你若了解高先生,怕是也不会觉得全是苏女士的错了。高先生虽然感情还算专一,没有跟其他女人来往,但是性情古怪,平时爱发脾气,时不时还家暴,从来不懂浪漫。当你简单地用非此即彼的思维去界定一件事时,就已经说明了你的境界还需要提高。

我们再来用灰度思维重新认识"人性"这件事吧,这或许能帮助你把一些事看得更透彻。经常有人给我发私信,说他们很痛苦,很迷茫,甚至觉得很受伤。我跟他们聊了之后发现,大多数人的伤心、痛苦,都来自把人想象得太完美了。

表哥的同事有急事缺钱，就找表哥借，表哥同意了。他觉得自己这时候伸出援手，未来自己遇到难处时，同事也会帮忙。有一次公司加派任务，他眼看着做不完了，就求助那个同事，可对方却因为有事拒绝了。于是表哥就很生气，逢人就说帮了个"白眼狼"，结果两个人的关系越来越差，甚至最终成了对头。为此，他痛苦不已，苦闷已久。

何必呢？表哥完全没有从灰度思维的角度搞懂人性啊！人性本就是复杂的，如果你主观地去把身边人分成好人、坏人，并差别对待，那么好人如果有一天变恶魔，受伤的还是自己。当被伤害了，你再拿着道德的标尺控诉对方怎么这么坏，心怎么这么黑，那你就太单纯了。

其实想想，你觉得一个人好，并对他掏心掏肺，深层次的动机或许是觉得对方值得依靠，有朝一日可以帮上自己。你对人性的期待会导致你因为对方没有达到自己的期待而生气。客观来说，如果表哥觉得对方是好人，更可能做有利于自己的事，更不会伤害自己，才去靠近他，这也是人性自私的一种表现。而对方接受了他的好意，却没有给他帮助，这也是他人性自私的一种表现。你我他皆凡人，都逃不过人性。

所以，一直追问人性到底是善还是恶的人，其实是没有灰度认知的人。一个做尽坏事的黑帮老大，跟他是一个大孝子并不矛盾；一个课堂上风度翩翩的大学教授，回到家也可能是个家暴狂。人性没有善恶，人性更多的只是自私。当他善的时候能得到更多，他就会表现为善；当他恶的时候能得到更多，他就会表现为恶。你之所以因为他对你恶了，就很受伤，是因为你自己一开始把对方主观定义成"恒定的善"，却忘了这世界一直在不停地变，更何况一个人。

↻ 人性善与恶，全在你心里

有人看到这里可能会说，明白了人性本自私，学会用灰度思维看待万物，难道我以后就要把所有人都当成坏人看待吗？其实也不是。我们要学会的是看见人性的复杂，并在生活中拥有更多对自己人生的掌控权。

一个人，其人性本善还是本恶，根本不是取决于他们，而是取决于你。因为人性的善与恶，背后的本质来自利益，当你能为他们创造利益的时候，他们对你都是善的；当你不能为他们创造利益时，甚至你是他们的一种"负债"时，他们对你就是恶的，甚至会把你一脚踢开。

天下熙熙，皆为利来。当你对其他人没有价值，带不来利益，自然要日薄西山。这很现实，但并不可耻，因为这是每个人的生存需要。所以这个真相尽管很残酷，你也要接受，客观去对待它，而不是回避，不是说你捂上自己的眼睛、耳朵，它就不存在了。人只要活着，这便是摆不脱的现实。

既然现实如此，那我们就要顺从规律。老子讲"无为而为"，简单说就是对于无法掌握的，我们要放下；对可以发挥作用的，我们要尽力。既然我们无法改变规律，那只能适应规律，让自己一直变强，让自己一直有价值，以此掌握生活和关系的主动权。

人这一生，要用全部精力经营一样东西，叫作"你的不可替代性"。这背后的逻辑是：别人对你的态度，对你的尊重，给你的每一份爱，其实都是来自你的不可替代性。所以别人伤害你、抛弃你，本质原因就在于，你太容易被替代了。

这世界上并非没有所谓的真感情，当然有，而且很多。但是我们需要明白的是，在利益面前，要剥离出感情，而不要用感情蒙蔽面对利益时的双眼。

很多人不具备灰度思维，他们觉得与亲人做生意会闹翻，是因为对方能力不行、性格不行、思维习惯不行等，总之是对方的问题造成现在的局面。其实，对方也会这样想。如果合作的双方都不具备灰度思维，把感情与利益混为一谈，最终双方都可能受伤。

我们生活在人类社会中，不管经营家庭也好，经营公司也好，都在跟人打交道，本质上都是跟人性打交道。想要游泳，先要懂水性；想要驯兽，先要懂兽性；想要跟人处好关系，先要懂人性。

如果这么说，你觉得难以接受，那就细品，慢慢品。

斯坦福监狱实验：永远不要试探人性

小时候看电视剧，总要倾向于区分谁是正派，谁是反派；再大时读三国，觉得刘备仁义无双、重感情，是英雄，曹操则是奸诈小人。可如今再回头看，觉得自己分外幼稚。这世间最复杂的、最善变的莫过于人性了，怎么能单纯以善恶度之呢？怎么能以它某一阶段的呈现，就觉得它会一直如此呢？

那么一个人为什么总是容易被伤害呢？在与人相处中，为什么他一直是受害者呢？很大程度上是因为他在人性这方面的认知过于绝对化。

○ 好人也会办"坏事"

我有个朋友在一家私企上班，因为表现好，有望下个月得到晋升，拿下公司空缺已久的经理位置。可是在任命下来之前发生了一件事，让他一下子就错失了机会。他的一位好友，公司里大家公认的"好人"，私下给老板送了一封关于我朋友的"黑材料"，结果朋友被老板叫到了办公室，被批评一顿不说，升职成为经理的美梦也碎了。

朋友告诉我，他想到了会有其他的竞争者想方设法对付他，但他根本没有想到会是这个人最终害了自己，因为这个人平时待大家都很随和，跟他的关系更是特别要好，两个人经常一起吃饭、出去玩。

我们在很小的时候，就已经从小白兔与大灰狼之类的故事中被灌输了"好人"与"坏人"的概念。我们觉得好人受到大家的爱戴和信任，而坏人则是老鼠过街，人人喊打，即使不喊打，也要防之又防。其实这个逻辑是有误区的，因为一个人是好还是坏，没有绝对分明的界限，坏人不一定会一直做坏事，好人也未必一直行好事。

○ 关系中的"好""帮助"是一个很模糊的概念

人与人之间的关系到底是怎样的？什么样的相处模式才是最好的？面对这个问题，很多人的答案可能是：相处很简单，只需要给他人关心和帮助，又不求回报，这样总没问题了。其实这种想法很可能让人掉入误区。

读初中的时候，我们班上有位男同学，他父亲出了点事情需要用钱，可家里比较穷，拿不出这些钱。一位女同学知道后，马上组织大家捐款，她又是写倡议书，又是组织大家开会，同学们多多少少都捐了一些钱。可是就在这位女同学高兴地冲上台演讲，要把筹到的捐款交给男同学时，他的脸涨得通红，羞愤交加地拒绝了："我不需要，用不着你的好心。"那位女同学听完后马上就"炸"了："我为了这件事，天天这么忙活，四处帮你筹款，你怎么这么不识好歹？"男同学冷笑了一声，回应道："你不要说得这么好听，我找你帮忙了吗？我家里是穷，可那又怎样？我不是你沽名钓誉的工具。"

所以，对别人好其实不是一件简单的事，你的好心很多时候不仅会让自己很委屈，也会对别人造成伤害。

首先，"好"是一个很模糊的概念。如果你只是基于自己主观的想法对别人施加你认为的好，却没有站在对方的角度去理解他的诉求，你的这种好，很显然只是一种自以为是。这不但不会让别人心怀感激，还可能会让别人觉得是一种打扰，甚至是伤害。那么你没有得到预期的反应，也会感觉非常委屈，甚至觉得对方没良心。

其实，在未经别人的允许或者别人根本不需要帮助的前提下盲目挥洒热情，就是一种伤害。不得不承认，很多人提供帮助的出发点是帮助自己，满足自己的私欲。因为他们会在心理上将自己抬到一个很高的道德层次，甚至有莫名的优越感，或者希望通过帮助别人来获得更多的回报，这种帮助是很虚伪的。

我们可以尝试着问问自己：如果帮助别人要牺牲自己的利益，或者会给自己带来痛苦，那么我还会去做吗？可以好好思考这个问题。

所以，如果我们做好事首先是为了让自己有所得，哪怕是获得快乐，本质上都是一种自私的行为，特别是未经别人允许的话，就更值得思考了。那为什么大多数人觉得只要是提供帮助，即便办了坏事，也不应责怪自己呢？普通人往往都是缺乏世俗资源的一方，所以对"施"的需求很大。也就是说，我们都想要成为一个乐于助人的人，都想获得乐于助人的名声，这是一种世俗意义上的资源。

名声好，就意味着别人对你的印象加分，跟你结交的可能性更大，那么获利的可能性自然会更大，这就是你获赠的附属资源。这就好比相亲，介绍人说你很优秀、心地善良、乐于助人，这些光环其实都在无形中为你加分。所以，关心也好，行善也罢，在对方没有提出明确请求的时候，其实一切都是我们一厢情愿的主观行为。

⟳ 道德两难情境

丁公是项羽手下的将领，奉命在彭城西面追杀刘邦。短兵相接，刘邦感觉事态危急，便向丁公求情，希望他饶过自己一命，并许诺日后定当百倍回报。

丁公看刘邦仁义，动了恻隐之心，于是领兵撤还，跟项羽说没有追到。后来项羽被刘邦灭了，丁公去见刘邦。本以为刘邦会对他加官晋爵，送他黄金良田。不料刘邦把丁公五花大绑，拉到军营中示众，说道："丁公身为项王的臣子却不忠诚，是使项王失掉天下的罪人！"丁公当场就崩溃了。刘邦说完就把他杀了，并说："后世为人臣子的人不要效法丁公，否则一律斩首！"

很多人会认为刘邦忘恩负义吧？其实这样定义就狭隘了。从私人交情的角度，刘邦杀丁公确实不近人情、忘恩负义，但从刘邦作为皇帝的用人角度，丁公这样的人不能留，而且这种人不利于国家利益。因此，真正成大事者，必须学会做取舍，不被私人感情和世俗道德过分束缚。刘邦也是人，在感情上自然也有恻隐之心，也会良心不安，但为了更好地长治久安，他很明白自己必须要跳出小情小义的道德束缚。

有一个电视剧情节，一个将军派自己的属下去探查敌情，可是回来的时候队伍里混入了敌军的奸细。刚好这时候敌军杀了过来，属下哭喊着请求将军开城门，将军含泪没有开，看着兄弟们死在眼前。

将军错了吗？没有所谓的对错，一切不过是取舍选择而已。如果开了，城里的无数百姓就要被杀害；如果不开，自己的属下只能死在眼前。所以将军肯定有恻隐之心，但还是要做出选择，不能被感情控制、被道德绑架。

人生更是如此，世上哪有两全法，很多时候跳出道德绑架，跳出世俗观念，你才能活得更好。

○ 斯坦福监狱实验：天使也会变成恶魔

为了更清楚地说明这个真相，我们可以看一下著名的人性实验——斯坦福监狱实验。

1971年，美国心理学家菲利普·津巴多在斯坦福大学任教，他将斯坦福大学心理系的地下室改建成一座模拟监狱，并通过报纸广告招聘了24名志愿者。这些志愿者均通过了身体健康和心理稳定测试——这些测试在筛选监狱实验的志愿者中是至关重要的。

志愿者都是男性大学生，被随机分组成12名狱警和12名囚犯。津巴多自己也参与其中，并且将自己任命为"监狱长"。为了使实验更真实，担任"囚犯"的学生都穿着犯人的衣服、戴着脚镣和手铐；担任"狱警"角色的学生则穿着警服，并戴上黑色的墨镜以增加权威感，他们拥有真实狱警所拥有的一切权力。

自愿参加实验的学生们被告知：在实验过程中，他们有可能被侵犯部分人权——之所以设定得如此真实，是为了让双方能真正进入预设的角色。有些"囚犯"是在家里被"逮捕"的，他们被铐上手铐、戴上牛皮纸头套，而执行逮捕行为的是同意与津巴多合作进行实验的加州警方。

实验开始后，每个志愿者都花费了一天左右的时间来适应这种生活，然后这群受当时美国嬉皮士作风影响的"囚犯"开始挑战权威，就在第二天，"斯坦福监狱"发生了暴动。

为了制止暴动，一些"狱警"开始逼迫"囚犯"在水泥地上裸睡，并以限制浴室的使用（常常被剥夺的特权）作为威胁。他们强迫"囚犯"做羞辱性的训练，并用双手清洁马桶。这些正常的、心理健康的"狱警"在镇压方面学得很快。随着实验的进行，"狱警"们采用的惩戒措施日益加重，以至于数次被实验人员提醒。

在实验进行到第36个小时的时候，一名"囚犯"因受到的精神压力过大开始出现哭泣、咒骂等各种歇斯底里的症状，并退出了实验。实验进行了不到两天的时间，一位正常的、心理健康的"囚犯"已经被折磨得濒临崩溃。

在12名"狱警"中有一个名叫约翰·维尼的志愿者。他多次被观察到戴着黑色的墨镜，手持警棍，身穿制服，放声号叫，痛骂"囚犯"，并在"囚犯"报数时表现出粗暴的态度。

甚至连实验的主持者津巴多也渐渐进入了"监狱长"的状态，每当看到"囚犯"被"狱警"用脚镣锁成一列，每个人都戴着头套被拉到浴室洗澡的情景时，他都会兴奋地对他的女友说："快来看，看一下现在要发生什么！""看到没有，这场景真是太棒了！"

而事实上，不管是津巴多、约翰·维尼还是其他心理健康的志愿者，他们在现实生活中都是不折不扣的好人。这个骇人听闻的实验在进行到第六天的时候，已经完全失控了。在津巴多女友的强烈抗议下，津巴多才不得不终止了实验。

最终整个实验结果表明：世界上没有绝对的好人，也没有绝对的坏人，每个人的心中都有"恶"的因子，只不过大多数情况下，这一因子被深深地掩埋了，但只要有合适的土壤、合适的环境，"路西法"（魔鬼撒旦的别名）会毫不犹豫地占据人心，把一个所谓的"好人"毫无过渡地变成"坏人"。

所以，人性是复杂的，每个人都是一个多面体的存在，当他们生存的外部环境发生变化的时候，个人也会产生相应的变化。

老话说，害人之心不可有，防人之心不可无，对于很多坏人，我们总是会小心地防范，但是对于很多好人，我们总是会掉以轻心。我们总是觉得这个人在某一方面表现得这么友好，这么真诚，那这个人就是值得信任的，其实并不是这样。所以不要把自己的后背轻易交给别人。

"路西法"藏在人心里

人性并没有想象中简单。西方有一句谚语："每个人的衣柜里都藏着一副骷髅。"即使是好人，心里也深藏着魔鬼"路西法"，一旦你对某人给予绝对的信任，就等于把自己的命运交给了"路西法"。

真正的敌人并不可怕，因为他已经摆明了立场，我们会对他有防范心理。真正可怕的是我们身边所信任的好人，因为我们足够信任他，甚至把自己的隐私共享给他，对他毫无戒备之心。但如果在某种情境下被他"捅刀子"，这带给我们的伤害往往是最致命的，因为他太了解我们了，对我们的信息掌握得太多了。

就像电视剧《人世间》里的春燕，一开始她给人的感觉就是通情达理，处事大方，识趣，懂眼色，并且一直喜欢周秉昆，所以和周家关系特别好，对待周秉昆的妈妈是一口一个"干妈"地叫着，对待周秉义也是一口一个"干哥"地喊着。

可是让所有人没有想到的是，在光子片改造时，春燕眼热别人分的新房子，就去找当时负责整改这片区域的"干哥"周秉义帮忙，想要分房子。可是当刚正不阿的周秉义只限于拆迁款帮了一点小忙时，她就觉得周秉义过于小气，最终一张状纸递交了举报科，诬告周秉义贪污。直到最后，周家人才知道真相。真是让人不禁唏嘘感叹。

很多时候，真正伤你最深的，恰恰是身边人，因为他们对你更了解，对你的攻击更有力，更能直戳痛处，而你对他们又毫不设防。

刘墉讲过一句话："你喜欢养猫没有问题，但是你养了猫，就不要在家里养鱼了。否则有一天，猫把鱼给吃了，你就不要去责怪猫，你只能怪你自己，因为你明明知道猫喜欢吃鱼，还疏于防范。"

我们在社会上游走也是一样的道理，我们明知道人性是复杂的、多变的，在不同的场合下、面对不同的情况，人们可能就会在好坏之间切换角色，那我们要学会对任何人都要多一点防范之心。尤其是跟自己珍视的友人，最好不要有利益纠缠，因为一旦牵扯上利益，人性中的自私基因会被触发，人人都会为自己考虑，这个时候，我们曾经最信任的人，很可能会将我们无条件分享的秘密，作为袭击我们的武器。

你所有的痛苦，都来自期待过高

你有没有在某个时间节点，突然陷入焦虑、迷茫当中，感觉自己的人生一团糟？也许就像你此刻大脑里浮现出的曾经的某个画面一样，这种感觉让你非常痛苦，你极力想要逃脱，但是发现自己即使用尽全力，却怎么也逃脱不了。

其实，这种情况非常普遍，我们每个人在生活中几乎都遇到过，但是为什么总是无法跳脱这种状态呢？主要原因在于我们对痛苦的本质缺乏理解。当你对一件事情的本质缺乏认知，却还幻想着能够降低它对你的影响时，这显然是不合理的。

○ 痛苦的"本来面目"

痛苦对每个人来说都不陌生，因为它存在于我们生活的方方面面。有人因工作痛苦，有人因情爱痛苦，有人因关系痛苦，我们对痛苦都很熟悉，却很少能够给痛苦下一个清晰又明确的定义。

痛苦，从本质上说是一种感受，一种情绪，是因个体内心的波动而不定向产生的一种心理感受。更直白地说，这个"家伙"是很主观的东西，它看似无形，却能对你产生很大影响，且影响程度在很大一部分取决于你自己。痛苦与否，完全取决于你当下的心境。我想很多人会有这样的体验：一件曾经让自己撕心裂肺，痛苦到快窒息的事情，等过去三年、五年后，你会发现，原来那么不值一提。原本因为这件事所产生的强烈的痛苦感受，也早已消失不见。

所以，痛苦并不真实，也不固定。面对痛苦时，我们每个人其实都有主动权，可以自由选择是否被它影响。痛苦的核心原因基本上有两个，第一是对外在期待过高，第二是让别人对自己期待过高。如果你能够真正理解这两点，并主动去掌控，那你或许能在很大程度上做到离苦得乐。

↻ 痛苦产生的原因一：对外在期待过高

如果你对外在有一个很高的期待，期待外在能够满足自己内心的所有想法，坚信所有事情事都能按照自己所期待的方向发展。那么，你的很多期待最终都要落空，这时候，你就容易产生情绪波动，进而感受到痛苦。

举个例子，比如说今天，你碰到了几个朋友，你们一块儿去吃饭，你把钱付了，付钱这件事本身没有任何问题，但是你付钱之后产生了一个期待：其他人改天能够回请你。如果他们并没有回请，付钱这件事就会成为你的痛苦来源。

因为你一旦有了这样的期待，可是等了对方一个星期，等了一个月，等了半年，对方最后都没有回请你，那么你就会觉得自己好像挺吃亏的，别人都是一群"白眼狼"，你会感觉到越来越后悔，觉得不甘心，内心很痛苦。

很显然，这就是你对外在的期待过高了。只要期待过高，那么期待没有被满足的时候，痛苦的负面情绪就会产生。

再比如创业。很多人去创业，为什么最后很痛苦，陷入一种负面情绪中出不来呢？很多时候也是因为期待过高，他们刚开始就想着赚大钱，想着今朝放手去干，来日一定能功成名就，大获成功。可是当他们实际去做的时候，会发现很难，自己辛苦奋斗了两三年，结果一事无成，还耗尽了所有心血，这时候，他们就会产生一种很强烈的挫败感。

挫败感来自期待过高，进而转化成痛苦，对他产生长久折磨。如果他一开始没有那么高的期待，仅把创业当成一种体验，只要在这个过程中尽力就好，其他都交给命运，不过分执着于结果的好坏，对结局没有那么期待，那他不会那么痛苦了。不管结局如何，他都会获得很大成长。

三国里的刘备逢战必败，但是他从未因此介怀过，一直保持好的心态。在别人眼里，他是越战越败，而他却认为自己是越败越战。他从一开始就明白，胜负无常，因此对胜负没有抱特别高的期待。

说到亲密关系，很多夫妻感情越吵越淡的原因是其中一方对另一方期待过高。比如到情人节、结婚纪念日时，妻子期待着丈夫能够记住节日，送自己礼物，可是丈夫可能刚好因为工作忙把这件事给忽略了。结果妻子的期待落空了，很不舒服、很痛苦，进而觉得丈夫不爱自己，便通过其他事跟丈夫闹情绪、发脾气。最终的结果就是，两个人隔阂越来越深，感情越来越疏远。所以一旦你对外在的期待过高，当这个期待没有被满足时，痛苦就产生了。

我们应该明白，人生中的很多痛苦其实都是自找的。如果我们能降低自己的期待，那么事情落空的概率就会减少很多。当事情的进展超过预期，人生反而平添一些惊喜。这，就是幸福的秘诀。

我年轻时读辛弃疾的《贺新郎》，读到"看试手，补天裂"，心中热血沸腾，觉得自己也要做一番大事业。可是现实残酷，总是无尽失意。直到后来才明白，人生本就有太多不可掌控之事。在自己不可为的事情上盲目怀有高期待，只会伤人伤己。放下高期待，不是随波逐流，而是把能做的做好，把无法掌控的放下，这才是大智慧。

☯ 痛苦产生的原因二：让别人对自己期待过高

产生痛苦的第二个原因，就是让别人对自己期待过高。我有个学员特别善良，脾气也很好，不管是朋友还是亲戚找他帮忙做事，他都不好意思拒绝。他认为自己用空闲时间帮帮忙没关系，但烦人的是，大家慢慢形成了习惯，一有什么问题，不管他有没有时间都去找他帮忙，他自己又不会拒绝。长此以往，他就特别痛苦，不知道该怎么办。

为什么他会陷入这样一种痛苦中呢？原因就是他让别人对自己抱有过高的期待了。在别人的眼里，他就是个"老好人"，因此都对他形成了"只要有事就找他，他肯定能帮忙"的印象。

一旦大家来找他帮忙，可是他最后没有帮，那大家的内心就会产生一个落差。因为大家都是抱着高期待来的，结果却被拒绝，于是会觉得这个人并不好说话，对他原有的印象也会反转，觉得他并不乐于助人。这，就是人性。

当一个人拥有了固化的良好评价后，并不愿意被推翻，于是他会硬着头皮继续帮忙，哪怕牺牲自己的时间，委屈自己。长期处于这种状态下，他怎能不痛苦呢？

我在跟身边人相处中，经常会跟他们说："我这个人脾气不好，易动怒、爱发脾气。如果你说了一些不是很好听的话，到时候我发脾气，可能会没法收场，所以，如有冒犯请担待。"

事实上，我的脾气并没有自己说的那样差，我之所以这么说，是为了不让大家对我抱太高期待。即便我脾气再好，也会偶尔发脾气，那么一开始就让别人对我的脾气有个心理预期，万一我真的发了脾气，他们也更容易接受。因为我不想让他人期待我是一个脾气很好的人，那样会让自己活得很辛苦。

在人际交往中，我们在社交初始最好不要让别人对自己抱有太高的期待。即使是施恩，也要自薄而厚。如果一开始对对方特别好，当对方习惯了你的付出，并对你形成高期待后，那么你在日后哪怕有一点做得不合适，对方就会产生落差，进而心生埋怨。

在待人接物中同样如此。比如请人吃饭，为了显得隆重，第一次花1000元，那么第二次如果降低标准，对方可能就会产生落差，觉得你不够重视。如果这两次请客正是请人办事前后，那会让人心理上十分不舒服。所以即便第一次请客是为了求人，第二次请客是为了答谢，那么也应该前轻后重，满足对方内心的期待。

我们要懂得把握期待与被期待的度，既不要对外在产生过高期待，也不要让别人对自己产生过高期待。这么看来，我们大多数的痛苦，都不是源于别人，而是源于我们自己。如果我们能够在这两个维度上把握好分寸，或许生活中也就没有那么多烦恼了。

第二章

惊人的社会定律：弱者抱怨，强者不言

世界上大多数的失败，都在于弱者思维

我收到很多粉丝的私信，被问及最多的话题就是如何变强，如何成功。很多人不明白为什么自己明明已经很努力了，可是生活还是糟糕透顶。

其实在我看来，这个世界上的人可以分为两种：一种是强者，一种是弱者。强者与弱者的区别，不在于拥有资源的多少、生活环境的优劣，核心在于思维的差别。强者之所以强，在于他们拥有的思维使他们能够看到更多的选择，做出更正确的决策，拥有看待问题的高阶视角……通俗来说，强者思维可以在强者做决策时真正发挥作用，并进而导致更明智的行为。

面对一件事，不同的人会做出不同的选择，采取不同的应对模式，这是因为人与人的思维不同。每个人都会根据自己的思维水平做出自以为最有利的决定。但是，这个决定并不一定是最正确的。很多人做了某个决策后，过了一段时间会很后悔，这源自他的思维境界提高了，现在用更高阶的思维来回顾之前做的决策，就会觉得并不明智。

根据小说《遥远的救世主》改编的电视剧《天道》中有一个观点：一个人的文化属性决定了他的一生。这个观点反映出一个事实：我们常常自以为是依照理性来做决策，但其实是受惯性思维支配的。我们每个人都被自己的惯性思维操控着。

↻ 强者思维所具备的三个维度

第一，独立，能直面自己的人生课题。从思维层面来说，一个人的生日其实不仅是他诞生的那一天，还是他能够独立做出选择，并且为此承担责任的那一天。当一个人能够直面自己的人生课题的时候，才算拥有了独立性，这是一个人真正意义上的诞生。

所以，一个强者首先就是一个具备独立性的人，他们不再盲目地活在别人的期待里，不再盲目地成为其他人的依附，而是收回了自己的人生主动权，开始有了自己的追求，并能为自己的追求竭尽全力，不在意其他人的眼光。

第二，能接受并客观对待社会现实，敢于直面人性。不管这个社会如何发展，只要资源是有限的，那么竞争就不可避免。在很长一段时间内，谁更强大，谁就拥有更多的优待；谁没有价值，谁就容易活成周围人的负担，被无视，这是残酷的客观事实。

所以说，具有强者思维的人，往往会推崇道德文明，但不会被世俗的眼光所约束，他们努力把自己变成一头"狼"。因为他们很清楚，如果自己活成了"羊"，那身边的亲人、朋友、爱人就可能会变成"狼"。

第三，没有很高的道德期望。什么叫道德期望？简单举个例子，你今天帮了一个人，你渴望着将来有一天自己遇到困难了，对方也能够帮你；一个人现在跟你感情很好，你确信以后他也不会背叛你……这些都是道德期望。

简单来说，道德期望就是个人从道德舆论的层次主观幻想对方会做出怎样的行为。这显然并不靠谱，因为道德舆论不过是一种隐性制约，并没有很大的制约力，所以这种期望落空的可能性非常大。如果你把希望寄托于此，就相当于失去了主动性。显然，强者绝不会如此。

以感恩为例，弱者看到的是一种道德期望，但强者看到的则是感恩的本质，是一种"隐藏的利益交换"。弱者觉得，帮助和回报是双方达成的一种心灵约定。但事实上，当双方随着自身发展，身份不再匹配时，一方在另一方心中的重要性或许就会发生变化，此时被回报的概率就会改变。

强者能够更加从人性的层面来看待感恩的本质。他们会从道德层面教育自己要做一个懂得感恩的人，要知恩图报；同时又从人性角度约束双方的行为，比如一旦牵涉利益或交易，就明确签订合同，对彼此未来的行为进行法律上的约束。

以行为期待为例，期待对方能够尽职尽责完成某件事也是一种道德期望。弱者觉得尽职尽责的本质，是期望双方在共同合作中，自主地把所有事情完成好。但这种道德期望，往往也不符合人性追求个体利益最大化的本质，因为人性都希望自己干最少的活，得到最大的回报。而强者往往一边用道德教育对方要尽职尽责，一边又从人性角度拿白纸黑字制定管理制度，玩忽职守者就要被重重惩罚。

强者思维的核心是聚焦自己的价值，不过分被道德所束缚，充分发挥自己的能动性，没有太高的道德期望；弱势思维更多体现的是一种依赖心理，弱者倾向于把一切自身行为结果合理化成外界的原因，从不从自身去找原因。

这就好比古代的民间文化，所谓"皇天在上"，寄希望于有拯救自己的救世主，说白了就是等着天上掉馅饼，等着神明出现保佑他们。这种文化的死结就在一个"靠"字上面，在家靠父母，出门靠朋友……总之靠什么都行，但是他们从来没有搞明白，靠得住的永远只有自己。如果一个人在精神上总是"跪"着的，那么他永远成不了强者。

⟳ 强者通过搅局，驾驭人心

成年人要懂得，凡事莫要看表面，越是平静的湖水下面，越是波涛汹涌。弱者在波涛中进退两难，强者则在其中搅动风云。我们先来看一个我师父讲的故事，他曾经也是个风云人物，靠着自己的本事成为集团二把手。如今他早已退休，然而对人性的洞察可谓深刻。他讲的这个故事让我初次领略到高手的心术。

故事的主角，我们暂且称他为李老板，他白手起家创办公司，奋斗几十年后终于把公司做到了不小的规模，后来确实年纪大了打算退休，让儿子接班。可是李老板心知肚明，此时的公司骨干不是元老就是股东，即便提出让儿子接替自己的位置，恐怕众人也不会服儿子。于是他便暗暗布局，半年内接连干了两件大事：一是稀释股份，减少股东份额；二是调整人事，收回元老实权。

结果可想而知，股东利益受损，元老威严扫地，公司上下怨声载道，充斥着对李老板的不满。儿子一看马上着急了："老爸，您在干什么啊，您不是为我铺路吗？现在公司乱成一锅粥，到时候我岂不是更难收拾了。"听了儿子的话，李老板不为所动，依然气定神闲地说："你小子的驭人之道还欠不少火候啊，你先别急，听我的就行，到时候自然就知道了！"

就这样，李老板不仅不解决公司困顿的局面，紧接着又宣布了一个令所有人震惊的决定：提拔人事部的老杨为副总。他还当着公司所有人的面，表扬了老杨在人事方面的卓越贡献。这下公司更乱成一锅粥了，但是李老板背地里却偷着乐，他把儿子叫到身边，交代了两句话后，儿子才幡然醒悟。到了父子正式交接那天，只见李老板的儿子先宣布了三件大事：1.免去老杨的副总职务；2.五名元老官复原职，股权上调1%；3.培养青年才俊，六名年轻骨干被提拔至中层。一时间，公司里到处传扬着这样的声音："小李比老李还仁义，缺德事都是老杨干的，估计以后福利会更好……"

就这样，公司动乱的局面戛然而止，李老板安心地退休了，小李也一下子收服了人心，坐稳了位置。至于那群元老，个个更是开心得跟孩子一样……这里还有一个悲剧角色老杨，我们稍后再说。

读到这里，你有没有看出里面的玄机？所有高明的老板或者上司能够坐到他们那个位置，都不是简单地靠运气，而是深谙人性的秘密。李老板为何无缘无故稀释股份，收回元老实权？这一切在普通人看来似是无关之举，但高手都知道这是在巧妙布局。我们在读历史典故或看宫斗剧时常会发现，每当皇帝年纪大了要传位时，经常会做这样的动作：先找一些莫须有的罪名，将一些有声望、有能力的股肱之臣贬职外调，然后等新帝登基后再第一时间把他们召回来，委以重任。李老板的驭人术也是一样的，他这样做是基于两点考虑。

第一是帮儿子"拔刺"。臣强主弱的局面难以掌控，所以必须压一压那些居功自傲的人，但这活儿得罪人，自然不能让儿子做；第二是帮儿子铺路。李老板先下手收回元老的实权，惹得大家怨声载道，等儿子接手公司后又归还他们的股权，这些人就会更加效忠于儿子，一举帮儿子收服了人心。

接下来说说悲剧人物老杨。公司动乱的时候，他莫名其妙被提升为副总，恐怕内心已乐开花了，可是李老板的儿子上任后先拿他"开了刀"。很多人表示看不懂这波操作，其实还是因为对人性的认知不够深。李老板稀释股份，收回元老实权，虽然让众人怨声载道，但是还没有让不满的情绪达到制高点。所以，这时候还需要添一把火，等火烧旺了再让儿子来灭火，成为众人的英雄。毫无疑问，老杨就成了斗争下的牺牲品。

纵观历史典故，或者众多导演的手笔，我们就可以发现一点：想要成就一个英雄，首先得先打造一个坏人出来，把所有错都归于他，再让主角把他干掉，于是英雄就诞生了。正所谓，没有罪恶，怎么打击罪恶，怎么成为与罪恶斗争的英雄？可能有人就会说："公司这么黑暗，我不要在这里做了，我要辞职……"其实，这就是我常常说的思维差异：强者面对问题，解决问题；

弱者则是选择逃避，渴望通过改变外在环境来解决问题。可这样做能解决问题吗？

菩萨心肠，金刚手段，是强者的共同特征。一个人如果一心只想着用一颗慈悲心去感化世人，多数时候是难以持之以恒的。而且这种无条件的善，很大可能会成为滋养恶的温床。强者的强大之处就在于，他们既能看到一个人的能力，又能审度他的本性，用道德来激发个体人性中天使的一面，并用制度来威慑个体人性中恶魔的一面。

思想引领行动，当你的认知改变了，很多时候你对一件事情的处理方式就发生了改变，你所拥有的选择也会增多。所以，无论何时都不要放弃持续不断地提升自己的思维，升级自己的大脑。只有这样，你才能够在人生的道路上越走越宽，越走越顺。

赢家想办法，输家找理由

你有没有经常在电影或电视剧中看到这样的反转情节：主角中了圈套，被坏人掳走，眼看着坏人持枪顶在了主角的脑袋上，情况危急，主角命悬一线。这时候坏人却突然放慢了动作，讲起故事来，他说道："嘿，你知不知道，你小子是怎么落到这种地步的？来，让我解释给你听，我为什么要设局杀你……"最终因为这段拖延的时光，好人成功翻盘，坏人则因为啰唆被反杀。

只要你稍加回忆，应该都会想到几个这样的场景。那么你有没有想过，明明已经稳操胜券了，坏人为什么还要跟主角解释那么多？难道真的要他死得安心点吗？

影视剧这么处理的目的，是为了向观众交代清楚剧情的来龙去脉。但是如果我们从人性角度来思考，会发现另有玄机……

在给我私信的学员中，有位男士告诉我，他有一个女友，两人相处四年，可是因为工作原因，女友到外省工作半年后，渐渐对他很冷漠，最后提出分手。他问对方分手理由，对方只说觉得彼此不适合，没有了恋爱的感觉。他特别伤心，心有不甘，找我咨询有什么办法可以测试出女方分手的真正理由。

我：你为什么想知道她内心的真正理由？

他：我猜测她可能喜欢上了别的男人。

我：知道了又怎样？

他：最起码我要知道是不是有另一个男人。

我：是又怎样？不是又怎样？即便她喜欢上了一个女人，又能怎样？她想要跟你分手的事实是改变不了的。

他听后沉默了许久，继续纠缠着想要弄清楚女方分手的真正想法。我无奈苦笑。

事实上，世界上这样的人很多，在遇到事情时总嚷嚷着追究那些毫无意义的东西。正如上述案例，既然女友想要分手，那么她无论是因为什么，分手这个事实是需要学员去接受和面对的。至于深究具体原因，只不过是浪费时间。

真正的赢家永远聚焦于解决问题，以效果为导向；而输家则聚焦于探讨没意义的过程，以求心安。

↻ 好奇心驱使假性应对

人类天性中的好奇心驱使人们渴望"知道"。面对一件事情，相比于结果，未知的过程更容易牵动人的好奇心。这是人性，也是弊病。我们来看一个场景。

在职场里，你是否经常看到这样的情节，A同事上班迟到了，然后经理看到后，就追问："你为什么迟到？"A同事脑袋一转说道："因为今天堵车。"经理说："那为什么不早点出来？"

如果你留心，会发现这样的情况总是发生。领导总是会不停地追问员工迟到的原因，渴望得到一个合理的解释。当员工真的给出一个看似合理的回答后，他们就觉得"好了，事情解决了"，这件事过去了。然而，事情真的解决了吗？

显然并没有，这就是我经常所说的"假性应对"——面对一件事，你觉得自己付出心力去关注了，应对了，看似问题解决了，但事实上自己的关注点偏了。

记得我读高二的时候，父亲突然因病去世，因为太突然了，所以我一下子接受不了，精神状况也出了问题，焦虑、抑郁，学业也无法继续。当时把我身边的人，特别是我妈吓了一跳，她带我去邻县找人算命。算命者分析了我的种种，并给出了一些建议。我妈听后特别心安。

可是回去后，我的症状并没有得到好转，直到后来我通过读书、游历等各种方法才慢慢调整好自己的精神状态。因为这一经历，我开始思考，很多人觉得自己的人生多灾多难，所以就去烧香、拜佛、算命，坚信自己这一生如此多灾多难是因为前世种了太多苦果，以此获得心安，其实最多只换来自己的心理安慰。因为即便知晓了今世的果是前世的因造成的，如果想要改变现状，还是要去面对这些问题。每个人的人生课题，终究还是要自己去解决。我们与其花时间在弄清楚自己为什么这样，倒不如花些心思去思考如何走出不理想的现状。

如果方向不对，多少努力都是白费的。很多人在生活里感到不如意、不幸福，就试图找寻自己在原生家庭受到的创伤。对此，我其实一直有属于自己的认知。如果了解自己的童年创伤，是为了看清今日的行为模式，进而调整应对，解决问题，当然很有必要。但如果仅仅是为自己的现状寻找一个归因，证明自己今天的不幸是原生家庭造成的，那不仅毫无意义，还会阻碍自己的成长。

所以，赢家和输家的本质区别之一，就是关注点不同。赢家永远聚焦的是效果，脑子里想的是解决问题；输家则喜欢寻求更多合理化的解释，他们要的是答案，答案能让他们的内心获得一时的"慰藉"，可惜解决不了任何问题。

○ 刨根问底的背后是为了掩饰自己的无能

很多人热衷于刨根问底，但事实上，刨根问底寻求解释，只不过是求心安，无法承认和面对自己无能的一种表现。

很多情况下，人们刨根问底去了解事情发展的缘由，是受内心的无力感所驱使的。当了解到事情的发展并不是自我导致的，而是外在其他原因导致的，一个人就可以捍卫自己的尊严。说白了，就是不至于在自我无能和事情发展之间建立因果关系。

比如被分手的这位学员，他拼了命地寻找女友和自己分手的原因，表面上看是因为无法面对女友跟自己分手的事实，更深层次原因是无法接受自己被抛弃的事实。等他真的发现"原来女友跟我分手，不是因为我无能，而是她心中早就有了别人"，这个时候，他就心安了，因为被分手，不是自己的原因，而是对方的错。

所以，人们喜爱寻求解释，本质上是企图找到一个客观的说辞或者证据，以证明这一切跟自己无关，这不是自己的错，以此获得心安。

　　输家，没有勇气面对自我的过错，他们不允许也不接受自己犯错，只要一有错误，他们就想要把原因导向外在环境。而赢家遇到问题时向来都是先从自身出发，他们不寄希望于环境，也不寄希望于他人，只寄希望于自己，他们清楚自己是可控的。理由只是输家的借口，赢家从不怕面对问题，因为每一个问题背后都有着隐藏的资源，这都让赢家变得更强。

↻ 赢家注重效果，输家推卸责任

　　这个世界是不确定的、充满未知的，但可悲的是，很多人都有着强烈的操控欲。他们想操控未知的世界和未来，企图把不确定的事情确定化。

　　面对不确定的未来，我们必然遭遇失败。在面对失败时，人类常常会划分为两类，一类人在失败面前会认识到自己的渺小，意识到渺小的自己想要掌控不确定的世界，本身就是一种妄念，因此放下自己的掌控欲，允许自己失败，学会无为而为；另一类人则接受不了自己的失败，为了获得逻辑的自洽，于是寻求解释，给自己的失败找到看似自圆其说的理由。当他们意识到自己无法操控外在世界时，便选择操控自己内心的感受——给自己一个合理的解释，好让自己能够接受现实。所以，输家在长时间内都没有办法"解决"问题时，就会想办法来"解释"问题。

赢家注重效果，输家推卸责任。等你能够客观地对待人生中的问题，并学会改变自身，而不是把一切归咎于外在因素的时候，才是人生真正苏醒的时候。

总是嘴上很想要，思想很懒惰

"寒门再难出贵子""普通人翻身太难"这种说辞，你是否也不止一次听到过？你或许对此并不认可，但是让人难受的是，身边的事情好像都在一步步验证这件事。那到底是什么导致了普通人翻身这么难？

其实提到这个话题，我特别推荐大家去看英国 ITV 出品的一部写实纪录片《人生七年》。这部纪录片选中了14位代表了当时英国不同社会经济背景阶层的7岁儿童，对他们的生活进行记录。最终的结果是，14个孩子的大半生几乎都带着其固有的阶层属性：富人家的孩子基本还是成了富人，穷人的孩子最终还是成了穷人。其中有几个人物，让我印象特别深。

中产家庭的尼尔，7岁时滔滔不绝地讲着自己的理想。14时，因为没有进入梦想的牛津大学，就辍学做了建筑工人。28岁还在英国四处流浪，居无定所，一直独身。56岁成为议员，却依然一贫如洗，后来迷恋上了写作，也没有人愿意读他的作品。

东区的女孩琳，7岁时灵动优雅，却在19岁早早结婚，21岁时做了图书管理员，或许被婚姻生活蹂躏，35岁时就苍老许多，疾病缠身，58岁因病去世。

生活在底层家庭的托尼，根本不明白教育的重要性，14岁就辍学，成为一名骑师，后来又迷上了赌博，梦想着开出租、开店做生意，可是他几乎所有的梦想，都以失败告终。

看完这个纪录片，我感触很大，贫穷很多时候真的像一个难以摆脱的魔咒，让很多人难以翻身。不过，我们也不必倒吸一口凉气，因为这个魔咒并不是真的无解。在《人生七年》里，也有一个例外，14岁之前结巴、害羞的乡村少年尼古拉斯，通过学习成为教授，最终跨越了阶层。

所以想要摆脱贫穷，也并非不可能。结合我这几年的感悟，我觉得想要逆袭，有四个觉知很重要。

打破见识层面的不公平

人与人之间最大的不公平，不是资源分配的不公平，而是见识层面的不公平。一个人接触面多，见识广，思维更通透，那么必然能看到更多的机会，在做决策的时候正确的概率也会更大。

对于家境殷实的孩子来说，他们通过家庭环境的耳濡目染，通过从小接触的种种资源，一开始就已经处于优势。他们知道地位上升的途径，这些认知和随处可得的信息，是他们成功最大的资本。所以他们大概率不会辍学，大概率会对钢琴而不是打架感兴趣。

而家境贫困的孩子很难意识到教育可以改变命运，也很难掌握某种正确的上升渠道，因为自身的先天背景决定了认知的局限和资源的遥不可及。所以一些偏远山区有着偏高的辍学率，就成了客观事实。

虽然随着网络社会的到来，信息和交流越来越透明化，人与人的距离看似拉近了，但本质上依然是一种不公平的交流。普通人只看到富人展示出的结果，却很难清楚知道他们是如何做到的。所以在看到他人的成功后，很多人表现得更加焦虑，更加急于求成。

总的来说，真正让寒门子弟难以摆脱出身束缚的，是见识。大多数人不是没有机会，而是认知不足导致他们看不到机会，只能从事简单的工作，赚微薄的钱。

不过这也并非就代表着，我们没有出头之日。弗洛伊德说，我们之所以不是响尾蛇，有两个原因：第一，我们的父母不是响尾蛇；第二，我们不住在沙漠中央。我们的父母不是响尾蛇，说的是遗传；我们不住在沙漠中央，说的是环境。

遗传不可改变，但环境是可以人为改变的。我们身边的人、事、物在很大程度上决定了我们的一切，环境塑造人，人也可以改变环境，以此来提升自己的认知。

现在很多年轻人要么奔向江浙沪，要么漂往北上广，就是因为在这些大城市和经济发达地区能开眼界、长见识，也能得到更多的机会。我们平时讲的混圈子，其实都是为了获取更多的信息资源，打开受限的视野，发现更多的机会。这都是为打破原有阶层做铺垫的。

↻ 打破及时享乐、趋易避难的天性

在原始社会，我们的祖先生产资料匮乏，生活方式单一，每时每刻都面临着各种危险，可能今天还活着，明天就没命了。他们永远不知道明天和死亡哪个先来，因此及时享乐的天性是有生存价值的。

及时享乐的天性造就懒惰，所以祖先们对于一些比较复杂或者耗能的行为，都不会去做，比如锻炼、思考……因为一旦在这些事上耗费太多能量，到面对突发情况时，就有可能能量不足，无法应对危机，这对大脑来说是非常危险的。长此以往，我们人类就形成了趋易避难的天性。

这些天性在原始时代有利于祖先的生存，但是放在今天的社会背景下看，太享受短期满足，只待在舒适区内，缺乏冒险精神和长远格局，会让我们难以成事，大大降低翻身的可能性。因为现在大部分人面临的不再是生存的问题，而是如何生存得更好的问题。如果这时我们再盲目顺从原始背景下的一些人性，被它所支配，就会滋生一系列问题。

所以，能不能打破天性，在很大程度上决定了你能否翻身。但是，对于很多人来说，他们往往被这些天性支配得更严重。这和许多电视剧演绎的片段不同，剧中的男主角往往会大喊着："我已经这么穷了，什么都没有了，所以我不怕放手一搏，因为一开始就什么都没有，就算输了，也不过是回归老样子。"

这话听起来让人热血沸腾，感觉很有道理，但是现实往往并非如此。现实是：一个人越穷，反而越不勇敢，越是害怕失败、害怕不稳定、害怕重新开始。他往往更追求短期满足、即时满足。

普通人往往通过努力工作换取更高的收入，他们能在流水线的岗位上连续工作十几个小时，却很少抽出一点时间去投资大脑的觉悟。即便投资了，一时看不到效果，就很快放弃了。因为学习这件事带来的好处，太不直观了，变现的概率太小，即便能变现，或许也要等待很长时间，哪有"搬砖"变现快？

正是源自及时享乐的天性，很多人即便有点钱，也容易变得贪婪、享受，丝毫不做全局的打算。因为过惯了苦日子，他们就越想让自己看起来像有钱人，搞面子工程，开始花钱买吃的、穿的、房子、车子，进一步追求奢侈品，别人有的，他们都渴望有。

这样反而陷入了恶性循环，他们更加努力工作，更加离不开工作，更加没时间学习，然后不断地超前消费、偿还负债。那么，他们什么时候能翻身呢？

这个逻辑更像是，一个人一开始没什么资源和钱，每天吃泡面对付一日三餐，后来好不容易靠着一份工作赚钱了，但因为及时享乐的天性，他会不自觉去过幻想中的有钱人的生活，开始过锦衣玉食的日子，可很快钱就花光了，甚至透支了。为了堵这个窟窿，他需要更加努力地跳进带不来任何能力积累的工作中，最终成了生活的奴隶。

正如在《财富自由》中托马斯·J.斯坦利说的：传说中会花钱的人才会赚钱，很多人可能有误解。一般情况下，创造财富的能力和消费的能力是两种能力，一天花1万元很容易，一天赚1万元却不容易，而且会花钱可能是指会花钱购买具有长期价值和收益的资产，而不是在吃喝玩乐中购买昂贵的消耗品。

那些资产超过200万美元的富翁，只将1.3%的财富投资在有形的艺术品上。而许多普通人却总是雄心勃勃，他们想仿效那些经济成功人士。殊不知，营销人员花费数十亿美元，使人们相信大多数富有的人拥有大量的高档艺术品。这个传说贯穿了我们整个经济发展历程。他们将艺术品视为向其他人展示富有的一种方式，然而，他们的收入水平只略高于平均线。

能够跳出穷人阶层的高手与这些人有什么不同？他们赚到了一些钱后，没有第一时间享受、贪婪，而是依然选择节省的生活方式，把钱投入到提升自己的认知和能力上，更通俗来说，是培养自己赚钱的能力。他们把当下可以享受一把的钱拿去培养赚钱的能力，当下看是吃亏了，但长远来看是真正的享受。

所以，这就是一个选择问题。人们很多时候难以翻身，是因为始终抱着做一天工作、领一天报酬的想法。可这无疑只会"爽一时"，从全局来看并不划算，因为他们一次次错过了打破阶层的机会。

历史上每一个新事物的出现会将人们分成两类：接纳新事物的进步者、不接纳新事物的落伍者。过去形成的一系列天性，自然有其历史意义，但是对于当下时代是否真正有用，并不一定。只有保持终身学习，才能避免成为历史的炮灰。为了长远利益，只有牺牲短期享受，才能真正摆脱贫穷。

↻ 打破盲从

你有没有经常听到这样的说辞：

"读书才有出路，不好好学习，你一辈子没出息……"

"别瞎折腾了，比你聪明的人多了，人家为什么不去创业？

还是考个公务员，稳定……"

"别尝试了，你忘了上次的下场了吗？还不长记性……"

"别人就是这么做的，成功了，你听话照做就行了……"

很多人听到类似的话，可能就放下主见，听从他人的建议了。听从他人的意见有时候并没有错，但是不加考量地盲从就不对了。盲从不仅帮不了你，反而会阻碍你做出正确决策，走向卓越。为什么这么说？因为他人过去的经验对你的成长而言可能是"有毒"的。

首先，经验本身就未必靠得住。不管是成功的经验，还是失败的经验，它一定是绝对正确的吗？很显然，并不一定。比如人类一度以为地球是方的，事实上却是圆的；比如几乎每个人都听过"一天要喝8杯水"的观点，研究发现，人体一天的确需要8杯的水量，但是不需要喝8杯水，因为这个水量包含了食物里的水分，以及咖啡、茶内的水的含量；比如都说汗是臭的，但事实上汗是没有味道的。

其次，经验是否正确、有效，受限于不同的环境。即便某个经验在过去被验证过是正确的，但在现今的社会背景下，经验的适用性依然受到限制，借用这个经验未必能够得到以往的结果。所以盲从过去所谓的成功经验，本身就具有很大风险。

再次，如果你的经验来源于道听途说或者他人的分享，那经验是否被所传播之人验证过，更是我们需要重点考究的。如果父母从小学习不好，现在却腰缠万贯，他们告诉孩子知识改变命运，那孩子多半是不信的。所以我们在参考他人的经验时，也要看一下身边是否有人证实过。

我们需要打破的是"盲从"，而不是"从"。一个人的认知视野有限，所以做很多事时必然需要借鉴和听取他人的意见。假如你想买一辆车，但是对车又一无所知，这个时候去听取行家的建议必然是明智之举。

可需要格外注意的是，很多人喜欢"从"，却不擅长辨别信息源。他们往往不会理性地探究一下信息的真伪，不去质疑自己听来的思想和观点所发生的语境，也不思考这些到底是行家的见解，还是道听途说的、被曲解的轶事。我妈妈经常会跟我说："人家说要……"我就会问她："这个'人家'是谁？"她基本上无法回答。

每个人的人生都完全不同，一味用他人的逻辑演绎自己的人生，很容易出现"水土不服"。别人的那套逻辑，未必适合你。因此，你在接受各种信息的时候，要加入自己的思考，探索出真正匹配自己的路，这样才能在更大程度上帮助自己脚踏实地地解决当下的实际问题。否则，翻身只是一个梦，梦醒了，你还是你。

↻ 敢于突破约定俗成的规则

现实世界的很多规则都是强者制定的，强者在制定规则时，自然更多的是出于维护自己（强者）的权益。即使表面对弱者有好处，但最大的受益方毫无疑问一定是强者。

所以说，面对约定俗成的规则，我们需要经常去反思和质疑，而不是奉为真理，不敢越雷池一步，做事循规蹈矩，那样是难以成大事的。这就如同你进入一个大公司，其各个组织架构都已经很完善，各种规则体系都很成熟，那么你在这个公司生态下，即便能力再强，也很难成为佼佼者。因为这个场地的游戏规则已经制定，利益既定方也早已确定。

在一定程度上，你有多大的选择去改变规则，你就有多大的可能性去获得突破，能真正成事。所以有时候，我们要学会"搅局"，就是打破原有局面，打破既定规则，建立新的规则，让自己参与新规则的制定，这样才能在利益分配上分一杯羹。在历史上，这一点司空见惯。那么，我们普通人要翻身，就要毫不犹豫地打破既定规则吗？自然也不是，而是要有两个意识。

第一，对规则要熟悉，不要盲目对抗、盲目挑战。规则的建立肯定有它的合理性，没有搞清楚规则的逻辑，就盲目质疑、挑战、对抗，这是不值得提倡的。盲目挑战规则的风险特别大，可能你还没开始打牌，就被踢出牌桌了。

第二，清楚规则的局限和缺陷在哪里。很多规则是有时效性和背景的，也就是说在某段时期、某种背景下，这个规则是可以的，但是一旦这两个外在条件发生改变，那些所谓的规则可能就会成为限制。如果想要清楚规则的局限和缺陷，你就要对于规则之外的、规则之上的知识有所了解。不然，你无知地对抗规则，只会让自己成为笑话。

那么，如果你想要从底层崛起，就要增加对新鲜事物的认知。你要去多观察当下的时事，获得更多的信息资源。只有这样，你才能发现更多的契机，顺势打破原有阶层。

不患寡而患不均：低调做人，收敛锋芒

人类历史的长河流淌了几千年，很多东西都发生了变化，但唯一不变的是——人性。很多时候你只要把人性琢磨透彻了，无论是做事还是处理人情世故，都能事半功倍。

"不患寡而患不均"，是孔子非常经典的一句话，也是一个非常重要的人性弱点。我举个例子：比如你和另外三个人一起去工作，工作完成之后，大家都拿到了100元的报酬，钱虽然不多，但是大家也都能接受。但是如果其他三个人都拿到了200元的报

酬，只有你拿到了100元，这就出问题了。你内心会非常难受，觉得自己被不公平对待了，心理很不平衡。

这就叫作不患寡而患不均。大家都少一点，那没关系，但是任何人都不能接受自己比其他人更少。

○ 别人不能比自己多，自己不能比别人少

白起那么厉害的一个人，为什么最终却被自己的大王赐死了呢？这里面就有这个逻辑存在。

虽然当时秦王让白起去攻打赵国，还请了他两次，白起都装病没有去，秦王仍然没有杀他的心，只是把他从武安君贬为了普通士兵，让他出城，因为毕竟白起为秦国立下了汗马功劳。但是为什么后来秦王又决定把白起杀了呢？是因为秦国的另一个大臣——范雎。

范雎向秦王进谏说，白起这个人能力非常强，一生没有打过败仗，可是这次因为受贬，他对大王心里有一点怨恨，这是非常可怕的，万一他被其他国高薪挖走了，那秦国就多了个强劲的对手。秦王一听，就把白起给杀了。

为什么同朝为官，范雎要对白起背后插刀呢？这里面有两个因素：第一个因素是当初长平之战的时候，秦国攻打赵国，打了很久都攻不下来，所以范雎就用了一个计谋——四处造谣，说赵

国如果想要胜利，就得派赵括为将军。赵王听了之后，就真的命赵括为将军，换下了廉颇，去跟秦国的白起对战。结果没几个回合，赵国就被打败了，秦国大胜。范雎觉得长平之战的胜利，有很大一部分功劳是属于自己的，可是秦王在分封的时候赏赐最多的是白起，所以范雎心里不舒服、不平衡。

第二个因素是当时范雎和白起同朝为官，还可以分庭抗礼，但是一旦白起攻打赵国再次取胜之后，那功劳就大得多了，范雎害怕以后在朝堂上再无自己的立足之地。

白起之所以被处死，是因为他没把范雎当敌人，没有想到对方会因为"不患寡而患不均"对自己心生芥蒂。

一个人能力再强、再优秀，如果缺少对人性的洞察，也很难说会活得多么漂亮；反之，一个能力很强的人，如果对人性多一分洞见，那么就更有可能活得漂亮，有所成就。这就是人间生存的一个基本逻辑。所以，人在世间，能力要强，这个当然重要，但是对人性的认识也要深刻。

你有没有遇到过那种小时候关系特别好，但是后来因为你的事业越来越好，然后他就觉得你们之间的距离越来越远，主动疏远你的朋友？为什么会出现这种情况？其实也是因为这个人性逻辑。

本来大家都过得差不多，都不算太富有，这没有关系，彼此之间能够相处得很好，因为大家是同一类人。但是有一天你发达了，你变优秀了，大家内心就不平衡了。所以我们会发现，很多小时候特别铁的关系，随着长大之后境遇的不同，彼此的关系也发生了非常微妙的变化。

在生活中，人性的弱点处处显露无遗。我刚工作的时候，我妈只要听说我加班，首先问的问题就是："是不是只有你自己加班啊？"如果有其他同事一起加班，那我妈就很放心，心态也很平静。但如果发现只有我一个人加班，她心里就会犯嘀咕："你是不是得罪老板了？是不是跟同事关系没处好？"我妈这个思维就是典型的"不患寡而患不均"。

↻ 克服弱点：智慧防范，友善利用

那么了解了这种人性之后，我们要做的是什么呢？有两个维度：一个是防范，一个是利用。

有一部电视剧叫《燕云台》，里面有很多情节思维很经典。宰相萧思温的事业本来一帆风顺，可后来他扶持新皇登基后不久，就被另外两个大臣蓄意谋杀了。为什么这两个大臣要杀他呢？核心原因是当初新皇登基，这两个大臣也出了很大的力，可是新皇登基后偏偏只倚重萧思温，只听从他的建议，并赋予他很高的权力。这种行为导致另外两个大臣的心理十分不平衡，他们觉得如果不把萧思温除掉，那自己就永无出头之日了，所以他们就合伙设了局。

不患寡而患不均，这个人性弱点提醒我们，在为人处世上要学会藏锋，能够清醒。低调做事，低调做人，做人不要太张扬，才是正确的生存之道。即便你很有才能，即便你很有钱，该隐藏的时候就要隐藏，该退让的时候就要退让，不要成为众矢之的。

那么，既然知道这一人性弱点，在生活中，我们应该如何觉察并利用呢？这部电视剧里也有说明。当时合谋杀害萧思温的两个大臣，一个叫作高勋，一个叫作女里。萧思温死后，这两个人就狼狈为奸，互相吹捧，想要同时抢到宰相之位和枢密院大使之位，搞得皇帝很头疼。

这个时候，皇后萧燕燕提出了一个计策：既然朝堂之事需要有人来处理，那就给予高勋这一权力，利用他的才能，让他当宰相，赏赐他。但对女里不闻不问，什么条件都不答应，什么赏赐也不给。通过在这两匹"狼"之间形成"不均"的待遇，最终使得二人心生嫌隙。

人性是不患寡而患不均的，萧皇后正是用这种策略瓦解了两个奸臣之间的同盟，让他们自己产生矛盾，自相残杀，可谓高明至极。

那么在日常生活和工作中，我们又该如何利用和防范人性的这一弱点呢？你需要做的有两点。

第一，不要为了追寻所谓的"优越感"，成为"不均"的存在，变成别人心中的刺，要学会低调做人，收敛锋芒。有些人是不敢面对自己的无能的，而且对自己往往都有着偏高的评价。所以一旦你得到的比他们多了，过得比他们好了，他们的内心就会不平衡。这一心态，往往就会为你引来无妄之灾。

所以不要被所谓的优越感掌控，真正的优越感从不来自炫耀，而是来自内心真正的强大，过分的炫耀只会招惹祸端。要时时审视自己的行为，低调做人，不要成为让身边人内心不平衡的存在。

第二，可以通过制造联盟双方的"不均"，让其从内部自动溃散。很多时候，正面的对抗总是不能很好地解决问题，往往都是伤敌一千自损八百的结果。所以我们完全可以从敌人内部入手，通过制造"不均"，分而化之。

比如很多公司内部总是会形成一些小团队、小圈子，进而出现一些抱团谋取私利、侵害公司发展，甚至架空上层领导的事情。那么这个时候，领导就可以利用这个人性去解决。比如把更多的权利、利益分给团队核心人物中的其中一个，那么其他人看到这个情况大概率就会心理不平衡，甚至会怀疑这个人是不是投靠别人了，是不是背弃自己了。随着这些人彼此猜忌的加深，矛盾的加剧，这个团队联盟就会自行溃散。

看到这里，有没有对人性本身又多了一层认知？我们行走于世，对人性的认知是关键而必要的。不管是用以防身，避免掉进人性的陷阱，还是巧妙利用，更好地达到自己想要的结果，都需要了解人性。

我们只有把自己的认知提升上去，理解清楚人性的逻辑，才能更透彻地看待事情，面临问题时也能够有更多的选择。

第三章
关系的本质，是价值的交换和博弈

人生，不过是一场能量高低的较量

关于沟通问题，我们要尽早弄清楚一个真相：人在江湖，与人打交道，不过是在进行着一场场能量格局高低的游戏。你的能量越高，就会相应地拥有越多的主动权，反之，则容易陷入被动。

曾经有一个朋友找到我，希望我去他的公司上班，为他的企业做策划服务。因为我平时比较忙，没有固定的时间坐班，我便拒绝了。谁知朋友了解到缘故后，便说不用我每天坐班，只需要在公司遇到棘手问题时帮他处理一下就可以，包括平时在线上给他一些建议，做战略指导，等等。

无奈，我便答应了。这家公司是做平台经济的，前期通过搞线上和线下装修加盟，扶持代理商，最后通过代理商发展客户，并吸纳用户到平台上，以实现多方面盈利。公司在前期招收加盟商的过程中会遇到很多问题，毕竟现在宣传招商加盟的企业太多，骗子也很多，很多创业者都不敢轻易试水。

这天，公司吸引了一批创业者前来考察，公司派解说员详细讲解了招商项目的商机。但客户并没有表现出多大的兴趣，还没等解说员讲完，便直接发问："现在招商项目这么多，都说自己很有实力，你们怎么证明这一点？为什么我们要从那么多项目中选择你们？"

第一步，调动神经，积极共情。

听到这里，我大脑的十万根神经立刻敏感起来。我其实已经意识到，对方开始设陷阱了，一旦顺着他们的话题来证明，将完全陷入被动状态，但其他同事并没有意识到。果然，公司解说员听到客户这么说，像对待之前不知道多少个这样发问的客户一样，开始悉数公司的各种优势。我见状赶紧示意他停下来，然后转过身共情客户："我很理解，现在招商类的项目确实很多，作为创业者，挑选项目确实要慎重。"

第二步，价值观挖掘，掌握主动权。

接下来，我反问道："不过我也想了解一下，对于在座的各位来说，如果要加盟一个项目，一般会考虑哪几个方面？"客户们一个个积极发言：首先是公司实力，不然加盟都没有保障；其次是扶持政策，需要总部支持；最重要的是利润……我听完，直接装作轻蔑地问道："就这些吗？"

第三步，先打压再"勾魂"，继续把握主动权。

他们有点儿诧异地点了点头，这时候，我马上笑着说道："各位说的这几个方面确实很重要，但是如果大家最看重的是这几点，那我觉得根本没必要跑这么远来考察我们公司。只要不是皮包公司，各位的这些条件基本都能满足。想要实现公司和加盟商的双赢，还有两个方面不容忽视。"说到这里，我发现所有客户都放大瞳孔，集体注视着我。其实我知道，当客户们开始思考我的问题时，就已经掉进了我的"陷阱"。当然，我"勾到魂"，拿到主控权还不够，"勾魂"后最重要的是圆场。

我继续说道："第一是品牌的宣传爆破。品牌刚诞生的时候是没有竞争力的，消费者不了解，不信任，自然不会买单，那么你的生意就不会那么好做。所以，我们会首先帮助加盟商进行线上线下的宣传爆破活动，也就是造势，目的是让消费者迅速了解和信任这个品牌，最终实现消费的目的。这项教育市场的工作，我们会配合加盟商来一起做。

第二是打造用户裂变系统。很多商家都不重视这件事，但现在是用户为王的时代，谁有用户谁就是老大。那么用户从哪里来呢？最快的方式就是让用户自己去裂变，而我们也为前100名加盟商打造了这个裂变系统。"

第四步，提高能量格局，把控谈判节奏。

我在说这些的时候，他们频频向我点头示意，并彼此小声交流，身体也从背靠椅子变成前倾。我知道他们对我的兴趣和信赖已在加深。这时候我并没有停下来，继续顺势问："除此之外，我还想了解各位如果最终选择加盟我们这个项目，你们打算一年赚多少钱？"客户纷纷发言：20万，30万，50万……我听完直摇头，然后说道："传统的装修弊端多、战线长、污染重，早就该改革了，这也是我们公司成立的原因之一。如果你们的目标仅仅停留在赚二三十万元，那我觉得你们还不如开个店，做点其他生意，即使辛苦点，一年也能赚到这些。"

他们听完就沉默了，我可以很明显感觉到他们的能量在逐渐变弱，便继续说："这个项目，大家只要用点心，跟着公司脚步走，不说多，一年起码保守盈利40万元起步，不过我还有一点点忧虑。"很明显，我再次"勾了一下魂"，果然他们都问我忧虑什么。我说道："关于项目，你们基本都了解了，想必心里也有自己的衡量，但是我们对你们的了解还不够，我们做这个项目是为了成就一批真心创业的优秀人才，一起实现共赢。毕竟项目再好，也要人去落实，所以，我们招加盟商有三个条件，还要考察一下你们能不能达到？"

最终，我把条件抛出后，他们都在拼命证明自己是符合条件的，当然最后也成功签了约。

在整个谈判过程中，我一直在掌握主动权，当然事态的发展也按照我的节奏顺利进行。这就是运用能量格局观的一个经典案例。

宇宙万物，能量恒通，大到自然变化，小到言语表情，其实都有能量的传递。我们经常说的气场，其实也不过是能量高低的表现而已。能量高，气场自然也会强。高手从来都是牢牢地占据着能量的高点，庸人则容易掉入操控者无形的陷阱。

↻ 人与人的沟通，都是能量的较量

"上天为什么对我这么不公，我付出了这么多，她就看不见吗？"饭桌上，同事小李一边喝着酒，一边哭得撕心裂肺，因为他追了两年的小美和别人结婚了。小李虽然不是特别大方，但在追女孩这件事上从没含糊过——隔三岔五就带小美去高档饭店吃饭，每天送一束鲜花，准时接小美下班，逢年过节更是少不了各种礼物。无论小美有什么要求，小李总是能够满足她……可是，人终究还是没有留住。

大家纷纷为小李打抱不平，只有我没说话。其实，这样的故事在生活中太多了。表面上看来，好像是小美太没良心，实则是小李搞错了价值关系，将自己置于能量低点。简单地说，就是他一味付出、讨好对方，期待以此感动对方，其实这些行为恰恰暴露了自己更需要对方，成为对方肆意挑选、可有可无的对象。

小王前天参加了一场剑拔弩张的面试，最终成功入职，他讲述了整个面试过程："一开始面试官一脸严肃，开口就问及我的特长、工作经历、学历等，特别是看到我最近几年离职频繁，更是想借此打压我。我坐立不安，看到他如此针锋相对，自觉大概是没戏了。但我突然转念一想：面试是一场双方的对弈，他在考虑是否选择我的同时，我也在考虑是否选择他。所以等他问完问题后，我反问道：'我最近也面试了几家公司，想选择一份更适合我、更有发展前途的工作，我想了解一下贵公司的具体情况和未来发展规划，可以简单讲下吗？当然，不方便也没关系。'没想到，我这样一问，面试官开始滔滔不绝讲述自己的公司有多好。我全程不说话，只是礼貌地点头，最后竟然莫名其妙地被录取了。"

一开始，小王将面试官摆在了能量更高的导演位置，自己自然而然处于被审核、能量更低的演员位置。但是当小王反问面试官，且面试官开始自我证明的时候，就掉入了小王设的能量格局陷阱，能量局面就此逆转了。

小丽在一家服装店工作，她工作努力，对待客人热情，但每个月的业绩总是垫底。因为虽然她对客户很热情，但是每当客户问及服装的料子、款式及搭配的时候，她总是哑口无言，不知道如何回答，甚至都没有客户精通。客户对她没有信任感，甚至进店都直接找别的店员购买……

我还想到一个例子：当我们身体不舒服去医院看病的时候，似乎从未想过去反驳医生的诊断，而且也不会因为药的价格太贵而讨价还价。这就反映了一个很简单的道理：越专业的人，能量点往往越高，越能占据主动地位。

这些案例，我们几乎每天都能看到，但是当你不具备能量格局观的时候，往往会掉入陷阱而不自知。当我们从能量的角度去看待万事万物时，就会知道人与人的沟通少不了能量高低的较量，要尽可能掌控更多的主动权。

○ 能量格局观的衡量标准

这就是我接下来要分享的能量格局观框架。那么，如何使自己在沟通中处于能量高点呢？影响能量高低的因素有三个：自信能力、供求关系、权威程度。

1. 自信能力

我曾问过很多销售人员："你觉得你的产品怎么样，对顾客到底有没有帮助？"销售员往往都说："我的产品很好，相当不错啊。"然后我继续追问："如果现在你是顾客，你会不会毫不犹豫地掏钱购买这个产品？是不是100%相信自己的产品是最好的？哪怕有不同的品牌产品一起销售，你也会毫不犹豫地选择这个产品吗？"结果大多数人都说不一定，只有一小部分人表示会毫不犹豫购买自己的产品。

其实，在沟通过程中，你的一切信息都会传递给对方。如果你不相信自己或者自己的产品，这些都会被对方捕捉到，那么你的能量自然而然也就处于弱势。

2. 供求关系

什么是供求关系？简单地说就是：你需要我，还是我需要你？就像案例一中，小李一直表现得太需要小美，一味地讨好对方，导致自己付出得越多，越难以割舍，越觉得对方有价值。而对于小美来说，小李越讨好自己，她越觉得小李无价值，可有可无。很明显，谁被需要，谁的能量就更高。

3. 权威程度

当我们面临的选择越来越同质化，很多人会出现选择困难症，那么这个时候，信赖专家的倾向就会愈演愈烈。当你更专业的时候，你的能量自然更高。当然这里需要解释的是：所谓的专业、权威，并不是必须有证书等，只需要在对方看来，你足够专业、权威即可。假如你不是某个领域的专家，只是领域"小白"，懂得能量格局观的核心法则，也能帮助你成为客户心中的专家。

⟳ 能量格局观核心法则

结合上面的案例及影响能量高低的因素，其实不难得出一套"能量格局观"的核心法则。

（1）我需要你，你的能量高，我的能量低。

（2）你懂得多，你的能量高，我的能量低。

（3）我顺从你，你的能量高，我的能量低。

（4）我越证明自己，你的能量越高，我的能量越低。

（5）你越审视我，你的能量越高，我的能量越低。

了解"能量格局观"这个概念后，你在生活中就可以以此为导向来选择自己的行动。比如你在跟客户沟通的时候，每说一句话之前，都要思考接下来你们的能量变化是怎样的。如果是对自己不利的言语，那么就马上停止，不然你可能就会陷于被动中。

我有一个学员是做护肤品生意的。以前在跟客户打交道时，对方一说贵或者说别人家便宜，她马上就和客户解释自己家的产品为什么贵，为什么好。结果越解释，客户越怀疑，而且言多必失，客户挑错的地方也就越多。自己费力不讨好，业绩也很差。用能量格局观第四条来解释就是：越证明自己，能量越弱。

成为我的学员后，她开始思考如何进行能量转化。每当客户再质疑她和她的产品时，她就会问客户："附近卖护肤品的同行其实很多，竞争也很大，我们家的产品价格确实相对较高，那么你有没有想过，我们的生意凭什么还可以这么好？销量为什么能一直领先？"结果客户一下子就蒙了，他们反而会想："嗯，她说得有道理，周围这么多店，她家的价格还最贵，生意却这么好，一定是产品好、服务好，或者还有其他隐藏的优点。"客户在主动思考、积极求证的同时，就已经把自己给说服了。

↻ 能量格局观思维的三个层次

接下来，我再来分享一下学习能量格局观思维的三个层面。

1. 认知层面

我们看影视剧的时候，经常会听到这样一句台词："到时候，你连死都不知道自己是怎么死的！"其实，不只是在影视剧中，我们生活中也有太多的人"连死都不知道怎么死的"，为什么呢？在很大程度上就是因为不具备能量格局观思维。很多人讲话的时候都是脱口而出，想说什么就说什么，结果对方设下了一个个陷阱，导致自己一步步陷入其中。他们根本就没思考过沟通主动权这个概念，所以总是会被牵着鼻子走。

所以，学习能量格局观思维的第一个层面是在认知层面先建立起能量的概念，能够初步判断出能量高低的变化。当别人想要把握沟通主动权时，你要能够觉察出来："他这样问，其实是想将我置于被动位置。"

2. 利用层面

当你的思维提升到第一个层面时，就能轻易识别别人的语言陷阱。不过这还不够，除了要识别出来，我们还要学会利用能量格局观思维给别人设"语言陷阱"，抢夺沟通的主动权，不要做一个可怜的被动者。比如在谈判时，你不要只懂得防御，只是停留在识别对方招数这一步，还要学会发起主动攻击，引导对方证明自己，营造他需要你的氛围，一步步抢占主动权。

3. 导向层面

我们在说话、做事之前都要先思考一下：说这句话、做这件事之后，自己的能量格局发生了怎样的变化，是变高还是变低了。我们都知道一个人的行为很大程度上受思维的主导，具备了能量格局观思维，可以让我们更好地约束自己的言行举止，在沟通中占据更多的主动性。

读到这里，很多人可能觉得能量格局观思维离自己很遥远，觉得学这些复杂的东西太累，人要活得简单点。但是，想做一个简单的人，其实没那么容易，因为人类社会本就很复杂，只有你具备了更高维度的思维，才能在生活中拥有更多的选择。

不敢谈钱，是成年人最大的灾难

很多时候，人的烦恼都是自找的。因为你不具备一双可以洞察事物底层逻辑的"天眼"，所以总是被事物的表象所迷惑。当你能够以更高的视角去看待事情的时候，往往一下子就能看到背后的真相，突破很多束缚。对于社交这件事，也完全一样。

为什么很多人处理不好社交问题呢？为什么在跟别人相处的时候，总是有很多问题呢？社交能力不足反映出的是他们对社交这件事缺乏足够的认知。想把一件事做好，却又对这件事一无所知，结果必然不会如愿。

↻ 任何的付出，都有回赠的期待

前段时间，我妻子从网上买了一张高低床放到老家，快递到了之后，因为物件比较大，当时我又不在家，她自己没办法搬到家里，就打电话给我的一个叔叔。叔叔借了别人的车帮忙把这张床运了回去。

事后，妻子跟我说起这件事。我先认同她的行为，"你一个人在家带着小孩，还把这件事给办了，辛苦你了"。然后我又跟她说以后这种事不用麻烦叔叔，也不用找其他亲戚朋友，花点钱找搬家公司可能会更好一点。

为什么我会这样说呢？其实这是有深意的，你可以从下面这个故事再去感受一下。

林女士是一位单亲妈妈，三年前老公因病去世了，留下了孤儿寡母。林女士一边照顾儿子，一边拼命工作，日子过得特别辛苦。公司另一位女同事听说了林女士的情况，就说："我也要接孩子，接一个也是接，接两个也是接，这样吧，我替你把孩子给顺道接了。"当时林女士想推脱，但是这位同事特别热情。林女士想到工作已经让自己分身乏术，所以就半推半就地答应了。

从那以后，女同事在接孩子的时候就顺带把林女士的孩子也接了，林女士把更多的精力放在工作上。最终因为表现突出，她很快升了职，还被领导当众表扬，发了奖金。她特别开心，也很感激这个女同事，于是送给她一个贵重的包，并表示以后还要继续报答这位同事，她不能让好心人心凉。

可是令林女士没想到的是，这个"报恩"的机会很快就来了。有一天，女同事拿着一些发票去找林女士，让林女士利用职务之便给她报销。林女士接过发票一看，发现都不符合公司报销的标准，而且数额还不小。那一刻，林女士很纠结：如果帮她报销，这是违反公司规定的；如果不给报销，又怕同事不开心，说自己忘恩负义。

她回家后翻来覆去睡不着，不知道到底应该怎么办。最终她还是决定不报销，如果被发现了，这种做法不仅会危害同事，也会牵连自己，最终大家都吃不了兜着走。第二天，林女士把自己的想法告诉同事，没想到同事听完之后瞬间发飙："你这人怎么这样呢？我又不是要你拿钱，是公司拿钱，你这么较真干吗？你给我报了不就完了，你怎么这么忘恩负义，我帮你接孩子这么久，白接了！"

　　林女士听完之后非常不开心，也很痛苦。一方面，她觉得真的不能帮她报销；另一方面，她又觉得自己并不是那种忘恩负义的小人，受冤枉了。

　　林女士为什么解决不好这个问题？为什么会产生这么多委屈和烦恼？因为她对社交和人情这两个概念缺乏认知。

　　社交的核心是什么？是等价交换。古代人为什么崇尚礼尚往来？原因也是等价交换。很多人在付出和给予时，即便不提回报，也会有被回赠的期待，于是他们在付出时只会表现出含蓄的期待，以此彰显自己的高尚。在礼尚往来这件事上，没有人不对回赠产生期待，除非他付出和给予的初衷就是为了公益、慈善，为了回报社会。

　　"等价交换"这一社交核心体现在生活的方方面面。比如你结婚时，朋友给你包了2000元的份子钱，那么等对方结婚的时候，你只包200元，对方或许再也不跟你联系了，甚至和你绝交。这就是因为你们在关系交换上，出现了价值不对等。

↻ 人情，是要还的

　　人情，很多时候是人们用来模糊等价交换，以达到占便宜的目的的一个工具。为什么这么说呢？

人情的计量单位是"个"，这个单位很有意思，可大可小，可贵可便宜，没有一个标准的价值衡量。它不像去超市买一桶方便面，我们可以直接看出它的价格，因为它是明码标价的。但是人情没有办法直接衡量出价值。我帮你一个忙，你能界定我提供的帮助值多少钱吗？所以它就成了人们用于价值交换的工具，他们会给你一份人情，然后通过这份人情，以小博大向你换取更大的利益。

案例中林女士的同事就是利用帮助林女士接孩子的这份人情，企图让林女士替她报销那些不合规的发票。接孩子这件事是无法衡量出金钱价值的，即使林女士送给她一个包，但她并不满足，还要找林女士报销发票。如果说林女士因为内心过意不去而同意了，那正好中了她的下怀。

很多职场人士也是一样的，他们喜欢通过送礼来为自己谋取更大的回报，就是想通过人情来模糊掉等价交换，去换取更大的利益，这本质上就是不对等的。

所以有智慧的领导会怎么做呢？直接退回你的礼物不合适，他会跟你说："你先不要走，我桌子上那两盒刚到的茶叶特别好，你带回去喝。你要是不带的话，这个礼物我也不收了。"这就是高明之处：他不欠这份人情，通过送你茶叶来跟你的礼物做一个抵消，这就避免了你用这份人情来向他求助。

⟳ 熟人成本：能用钱解决的问题，不要动用人情

小林谈了一个女朋友，两个人也到了谈婚论嫁的地步，于是小林就买了房，并且准备在结婚前把新房装修好。可是找谁装修呢？他突然想到了自己的舅舅。舅舅是做装修的，做了十几年，小林觉得找自己舅舅来装修肯定能省点钱，他也会更用心一点。可是没想到，这个决定反而让他后悔不已。

事情是这样的。对于新房的装修，小林和女友有很多自己的想法，可是每次跟舅舅说的时候，舅舅总是会给一堆建议。他们想反驳，又拉不下脸，只能不情愿地听从舅舅的建议。在装修过程中，两人有不满意的地方，也不好意思指出来。

经过前前后后两个多月的时间，新房终于装修好了。可是当结算费用的时候，小林有点傻眼了，费用不仅没有比预想的低，反而贵了不少。可是对方是自己的舅舅，自己又没办法砍价或者问责。最终的结果就是，小林和女友花了更多的钱，却装修了一个自己并不喜欢的风格，最后还要感谢舅舅的用心付出。

这种事，你有没有遇到过？其实原本花一点钱就可以解决的问题，他们却偏偏要用人情，习惯找朋友或熟人来帮忙，在金钱上能省则省。在他们看来，这样做无疑是最有利的方式，但结果往往不尽如人意。有这种行为风格的人，还是对关系的本质理解

得不够透彻。

真正活得通透的人，他们都善于用市场的方式解决问题。简单说，就是能花点钱解决的事，从不随便动用关系。用市场的方式解决问题，最简单。因为市场规则的核心是交易，而不是感情。在你来我往中，需要的是价值交换，不会掺杂任何感情成分。从做事的角度来看，它是良性的，是结果导向的，因而风险更低。

关系的本质是价值交换。请人做事，实质上是一种价值交易，别人为你做事，你为别人的价值付酬劳，以实现这次交易的成立。如果别人为你做了事，你没有支付报酬，那么就需要用其他方式来换取对方的价值，以实现交易的平衡。

所以用人情办事的人，很多时候只是在表面上占到了便宜。如果你用人情来置换对方的付出，那么这份人情不还，关系就会失衡；这份人情要还，却没有明确的价值衡量标准，这就麻烦了。而且很多时候，当你用人情去撬动对方的资源时，或许你最终需要付出的更多。就像小林原本以为找自己舅舅来装修新房，是一件相对有利的事，不仅质量能够得到保障，而且还可能比市场价更便宜。但事与愿违，他不仅花费了更多的钱，对结果也不满意，过程中也碍于长辈的身份无法畅所欲言，自己苦恼不已。

尽管小林觉得苦不堪言，但从舅舅的角度出发，他会觉得自己在这件事上是出力帮助了小林，对小林是施予了人情的。那么当自己需要小林帮忙时，小林应该竭尽所能地帮自己。而如果小林有难言之隐，想推辞，两个人之间的关系就会受到影响。

所以，用人情来做事，不仅不划算，还欠了人情。对于小林来说，如果他当初直接花钱请一个专业装修队，通过市场行情去解决装修问题，反而简单。装修队拿钱干活，小林出钱雇用对方，不管过程中出现怎样的问题，都可以直接提出并解决。在纯粹的交易关系下，人与人之间的置换才是绝对自由的。没有了感情因素的牵绊，事情的结果反而更容易得到保障。

一个成年人真正的成熟，首先体现在他习惯用市场思维解决问题。在冯仑的书《扛住就是本事》中，他讲到了一个概念：熟人成本。很多时候我们觉得动用身边的熟人来帮忙是最有利的，但是事实的真相并非如此。冯仑认为，在市场经济下，用熟人办事实际上并不总是省钱，往往还更费钱。这就是熟人成本。

↻ 市场关系：虽冷酷无情，却良性共赢

最具正向循环和最少事后负担的就是市场关系，市场往往最残酷，但也最具善意。

纯粹的交易关系，看起来似乎冷血残酷，但是正因为双方的合作达成了一个基本共识：只谈事，不谈感情。因此双方有什么

意见、想法，都可以直截了当地说出来，丝毫不用顾及感情，这反而能够得到彼此想要的结果。另外，交易结束后，关系也就结束了，不会有后续七零八落的人情世故需要去维护，因此对个人来说更轻松。

看到这里，很多人可能会有疑问：不是说好关系都是麻烦出来的吗？你这么说不会相互矛盾吗？

其实不然，这两个观点是基于不同的背景和前提。麻烦别人的目的和前提是建立关系。也就是说，当你遇到一个人，想要跟他建立关系，那么这个时候，你可以适当地去麻烦他，这样做的本质是创造更多的接触机会，让你们的工作、生活产生更多的交集和联系。那么随着打交道日渐频繁，自然能快速建立起关系。

但是我们现在分析的是如何与熟人之间更简单地相处。如果你想要跟熟人之间维持简单的、界限分明的关系，就要尽量减少麻烦对方的机会，能用市场思维和方式解决的问题，就不要随意动用人情。因为人情的价值是无法直观衡量和界定的。

当然，假如必须要麻烦熟人解决一件事，那怎么办呢？我的建议是提前商量好报酬，比如请对方帮忙前就告诉对方："这个东西你收着，如果你不收下，那这件事我就不麻烦你了。"这就像你去老领导家送礼，高明的领导一定会在你临走前，也让你带几盒茶叶回去，一样的道理。

那么深层次地了解了社交的核心和人情的本质后，我们需要有怎样的觉悟呢？有三点特别重要。

第一，对于别人的付出，我们要心存感激，并即时给予积极回应。

社交的本质是价值交换，所以当别人帮助自己，为自己付出的时候，一定要懂得感恩和回报。因为不管对方是否是在考量你的价值后才选择帮你，客观事实是对方确确实实帮你了，你也确确实实受益了。这个时候，你能够给予对方积极的回应，这样才能达到一种价值的平衡，让对方觉得帮你是值得的。对方也会觉得自己的付出没有白费，往后他也会愿意为你做更多，那么自然也能更大程度地促进关系的良性循环。

值得注意的是，这里有一个关键点：感激不要停留在心里，回应最好是即时的。你对对方心存感激远远不够，不能心里默念一千遍"你真好"，你还要把这些表达给对方，让对方真实地收到你的感恩。同时，不管你做哪种回应，最好都是在对方付出后没多久就行动，不要拖的时间太长了。

第二，付出时不要有很高的期待，否则受伤的可能是自己。

很多人容易在关系中受伤，其中一个很重要的原因就是在付出的时候产生了期待。首先，能不能获得所期待的，本身就不是我们能控制的事，这充满了不确定性。其次，很多时候，我们总是不能客观地衡量自己的付出是否值得对方的付出，然后就盲目地产生过高的期待。这都导致我们的期望很大程度上会落空，而一旦落空后，就会内心不甘、委屈，甚至会因为一直得不到自己想要的回报，最终采取一些极端的方式攻击对方，让对方意识到自己错了。这于己于人，都没好处。

所以我们在关系中一定要修炼一种境界，就是在付出的同时，慢慢放下对回报的期待。我此刻想要爱，便爱了，我此刻想要为你付出，便付出了，至于你怎么回应我，那是你的事。如果你付出的时候是在过分压抑自己内心的渴望，你的内心并不舒服，而且对对方有很高的期待，那么你还不如一开始不去付出。只有处于这样一种状态，有这样一种情绪觉知，你才能更好地维持关系。

第三，要体验感情的美好，但同时具备市场思维。

人活一世，重在体验，而感情无疑是人性中最美好的一种体验了。我们的人生因有感情的链接才变得充满了意义，丰富多彩。但是，我们在享受感情美好的同时，也要具备市场思维，它可以很大程度上帮我们避免一些不必要的烦恼。

市场思维指的是什么？简单说就是通过买卖、花钱这样的方式解决一些问题，不过多地掺杂感情，学会做好利益和感情的区隔。

感情弥足珍贵，但同时也是很多烦恼和痛苦的来源。我们已经提过，人情本身就是一个模糊的概念，它背后所承纳的价值很难衡量，一旦一方觉得另一方欠了人情，而过分去索取，或者一方因为欠了人情，过分地被索取，都会因为价值不对等而内心失衡，最终破坏关系。

而市场思维的好处就在于通过市场的方式解决问题，没有那么多弯弯绕绕，心里有什么诉求、想法，都可以毫无顾忌地说明，虽然要花点钱，但是没那么多麻烦。

我们要体会感情的美好，同时也要学会用市场的方式解决问题。针对不同的情况，采用最合适的方式，不偏执，不极端。

熟人无用时代，让自己先成为有价值的人

经常有人跟我探讨人生的意义，其实我觉得这个话题并无意义。人生里太多事本就是无常的，每个人都有自己的认知，也必然会在摸索前行的过程中，找到属于自己的答案。但是这里面有一个核心本质是恒定的，那就是：假如你想活得更好，必然要让自己成为有价值的人。

人所有的行为的终极指向只有一个，那就是生存。怎么才能提高生存概率呢？就是拥有更多的资源。所以，成年人的世界，需要的是价值交换。前文我们分析强者和弱者思维的时候，讲过

二者的一个不同之处，就是弱者往往有着很高的道德期待。比如他们在别人危难之时，帮了别人一把，然后就觉得自己对别人来说是有恩的，于是就期盼着当自己跌入谷底时，对方也能拉自己一把；比如自己和某人感情深厚，于是就期盼着将来有一天自己陷入困境，对方也能因感情不离不弃，绝不背叛。

但纵观历史或者身边人的经历，我们就会发现，事情往往并不会这样如期发展。对于人性怀有很高道德期待的人，往往会被现实狠狠地上一课。为了生存，人们都会把有限的时间花费在能够带来生存价值的事情上。

⟳ 趋利避害是人的本性

战国时代有一个齐国公子，叫孟尝君，他以养士而闻名，当时他门下的食客就有数千人，每个人都受到他的厚待。大家看见他如此礼贤下士，所以都争先恐后地投奔于他，甚至一些没有什么才能的人也到他那里混口饭吃。难能可贵的是，孟尝君对这些人都一视同仁，没有因为一些人是滥竽充数跑过来的，就亏待他们。所以当时天下人都夸他有气度，对他赞誉有加，敬佩不已。

可是后来，因为孟尝君的声望太大了，盖过了齐国的国君，这让国君心里很不爽。他因此有了猜忌之心，于是罢免了孟尝君的职务，把他从都城赶了出去。食客们一看孟尝君失势了，就纷纷离开了他，孟尝君伤心透了。后来孟尝君消除了误解，官复原职，原先那些背弃他的食客又纷纷返回来了。

这让孟尝君非常生气，心生恼怒，他对一直陪伴自己的冯谖说："这些人实在是太可恶了，他们不仁不义，还恬不知耻地赶回来见我，真把我当傻瓜了，我自问从来没有亏待过他们，可他们竟然那样对我，这世上还有道义可言吗？我一定要好好地羞辱他们，以解我心头之恨。"

冯谖长叹了一声，问孟尝君："事情总有它的道理，主公可知道此中的奥秘吗？"

孟尝君摇了摇头说："我实在是不知道，请先生教我。"

于是冯谖就说了一段话，让孟尝君恍然大悟。

他说："人之常情，什么时候也差不了多少，就像有生必有死一样。富贵时，自然会有人追随于你，贫贱时，当然就缺少朋友，这是事情固有的道理啊。打个比方说，主公看见去市场赶集的人了吗？一大早人们便争先恐后地来到集市上，到了天黑，即使是路过集市，人们也不做片刻停留，为什么呢？道理很简单，人们并不是对早上的市场有所偏爱，也不是对晚上的市场有所憎恶，只是因为晚上的市场已经没有人们所需要的货物了。

"所以，当你失势的时候，人们离你而去不是一件很正常的事吗？你对此耿耿于怀，岂不是对人失于考察吗？现在还不是你可以放纵的时候。为了你的大业，你不要责怪他们，否则就断了宾客的来路，于你有害而无益。"

冯谖说的这段话，真的值得我们细细沉思。很多时候，人们之所以会因为对方的态度而痛苦、迷茫、不舒服，是因为他们对人性失察，不了解人性本身。

人是一个复杂体，有善的一面，也有恶的一面，趋利避害是人的本性。所以说，当你得势的时候，大把的人跟随你；你失势的时候，大家都离你而去，这只是一个正常现象，是人性的一个表征而已。我们只有认清这个真相，接受现实，才能不被其所伤。

如果你想不明白，那就试试换角度思考。当你身边有人陷入困境时，你会做出怎样的决策？或许，你也逃不过人性的牢笼吧。

人的第一核心要义是生存，如果他人跟着你生存不下去了，或者说获得不了更多生存的利益了，那么他就会跑去跟能带给自己利益的人混。当你明白了这个逻辑，你才能把更多精力用在让自己强大上。你才会明白，只有自己能够为别人创造利益，大家才会死心塌地地跟着你、靠近你。

我有一个学员，以前他家里很有钱，所有的亲戚朋友都围着他家转，跟他家的关系很好，逢年过节都给他家送礼。后来他父亲去世之后，家道中落，很多人就不跟他们打交道了，基本不来往了，甚至还看不起他家。

所以他内心就觉得很不舒服，大骂这群人忘恩负义，势利眼。其实没有这个必要。他们的表现只是人性的一个正常写照而已，人是趋利避害的，都希望追求更多利益。这就像一条鱼，它在河里欢快地游着，当这条河的水快要干了，另一条河里的水还有很多，那么鱼一定会拼命地向另一条河游过去。生存面前无是非，人亦如此。

既然人性如此，那么我们就要让自己变得更有价值。有价值的状态有什么衡量标准呢？

○ 修炼自己的不可替代性

现代社会有一个喊得很响亮的概念，就是要提升自己的不可替代性。但是很多人只是喊喊口号，并没有深层次地认识它。到底什么是不可替代性？平常我们理解的不可替代性，可能是通过某些专业领域技能的精进，来获得独一无二的地位。但是 CSDN 副总裁孟岩先生有一句话，我觉得才是说到了核心——一个人的核心竞争力、不可替代性，不是时间差，不是技术，不是基本功，不是什么思想，也不是聪明的脑瓜，而是你独特的个性、知识、经验的组合。

我有个朋友，他上学的时候成绩特别好，大家都觉得他将来能成就一番大事。当我们多年以后再相聚的时候，却发现他混得不是特别好，日子过得很糟糕，为什么呢？这些年，他不断跳槽，换了很多工作，在哪一个公司都没有深入地沉淀自己，最终成为公司可有可无的那一类人。

一旦你成为这类人，那么公司裁员时第一批裁掉的人就是你，为什么呢？首先，裁掉你不会对公司的正常运转造成多大影响，还能够节省开支；其次，这类员工遍地都是，随时可以再招新员工。所以说，人生在世，要修炼的就是不可替代性。不可替代性会让自己永远保持有价值的状态，永远掌握自己人生的主动权。

很多人没有弄清楚人性的本质，他们觉得自己在公司任劳任怨5年、10年，甚至大半辈子，跟老板是有感情的，老板不念自己的功劳，也会念自己的苦劳。其实这种思维大错特错。公司想要发展，想要做大做强，老板最不能做的就是念旧情，他需要源源不断地引进更加有能力的人才，也不会因为谁是老员工就不再看中他的工作能力。

如何修炼自己的不可替代性呢？你可以从这几个维度出发：首先，成为领域内资深专家，把事情做到别人都无法企及的高度。其次，做一个复合型人才。比如同样是做老板的秘书，普通人都会写文案、整理文件，但是你还会开车，老板出去谈事的时候，你能够当他的司机，那你就比别人有更大的优势。最后，要具备成长型思维。在生活和工作中，你要随时随地抓住每一个成长的机会，打造自己。你要明白，更加专业的技能、开放深入的思维方式、持续更新知识库的学习能力、与人沟通达成共识的能力，还有那些附着在你这个人身上的宝贵品质，将成为这个新时代构建不可替代性的基础。

我们要清楚，向内求，不断提升自己的价值才是改变命运的关键。很多人不能成事，是因为他们总喜欢依靠外在因素，希望能有贵人拉自己一把，希望命运能眷顾自己一次，这种做法或念想是把人生的主动权交给了别人。

🔄 置身于有价值的位置

司马懿特别有智慧，当初他手握重兵，兵临城下，诸葛亮使出空城计这一招。这时他只要派兵进城，就能消灭诸葛亮，但是他为什么没有这么做呢？司马懿的野心很大，他有自己的盘算，他要手上握有兵权才能够行事，那怎样才能握有兵权呢？就是有仗可打，有对手存在。如果他前脚把诸葛亮消灭了，那么后脚要做的一件事就是上交兵权。因为无仗可打，他自然就没有价值了。诸葛亮也是一样的，他当上丞相之后就一直挥师北伐，原因之一是只有一直打仗，自己才有用处，无仗可打就要上交兵权，也就没有什么价值可言了。

很多时候，我们有价值、有能力还不够，还要学会审时度势、借势造势，让自己处于一个有价值的状态。这就像在三国中，关羽是给别人看家护院的，张飞是杀猪的，刘备是卖草鞋的。他们都有一身本领，但是一开始并无用武之地，所以只能在市井中勉强生活。后来恰逢东汉末年时局不稳，他们抓住机会，顺势而起，展现了自己的价值和能力，才有了后来的成就。

在职场上也是一样，很多人觉得自己有能力就够了，终究能够晋升的，其实并非如此。如果公司各方面非常稳定，你或许并不会因能力过硬而有出头之日。所以你必须学会抓住一些机会，比如主动请缨去做一些稍微棘手但影响较大的事情，通过做这些事让大家看到你的价值，从而借势出道。

在现代社会，有能力只是一个人的基本配置，更重要的是要让自己的这些优势处于一种有价值的状态，能让别人看到。

我有个朋友在进入公司后，三年时间得到五次重大晋升。首先，他本身的能力很强。其次，他并没有走按部就班上班的路子，也从来没有想着"我只要是金子，终究会被看到"，而是更多地把握主动性。平时大家觉得有些棘手、不愿意做的事，他会主动请缨去做；能够接触到上级领导的工作，他会抢着做；一些领导重视、影响力较大的工作，他更是想尽方法去参与……

慢慢地，他的价值变得越来越高，很多事离开他办不了，领导也逐步认识或者留意他，于是他得到了一个又一个机会，一路快速升迁。所以，想要往高处走，自己有价值还不够，还要不断创造机会展现自己的价值，时时处于一种被需要的状态中，让自己把握人生的主动权。

我们一定要戒掉受害者思维，不要总去抱怨为什么别人这样对待自己。如果你的价值不够，你在周围人看来也许就是负担。这样说确实很残酷，我们小时候可以相信很多美好的童话，但是成年后，就要学会正视社会的真相。

婚恋关系，就是精准的价值匹配

在我收到的私信中，有很大一部分人都是向我倾诉婚姻生活里遭遇的诸多痛苦。他们想不通为什么自己用尽心思经营的感情，到最后会和想要的结果背道而驰。所以，从人性角度来聊聊婚姻，在本书中显得十分重要。

关于婚姻，它既然属于关系的一种，那么背后的本质必然也是价值交换。或许很多人觉得这样说是把婚姻物化了，其实不然。婚姻当然美好，是很多人心灵的归属和殿堂，它有其他关系所没有的圣洁部分，但也有其他关系所共通的底层逻辑：价值交换。所以，一个成熟的人在面对婚姻时，能在享受它的浪漫和美好时，也保有理性去看见其本质，熟谙经营之道。只有这样，当婚姻真正触碰到现实的时候，你才能避免承担过多的失落和惆怅。

接下来，我从人性的角度重新解读婚姻这种关系，这是每一个成年人都必须具备的认知。

○ 婚姻的本质是一场双方都获利的合作

说到婚姻，我们总是习惯性地把婚姻看得很神圣，将它从所有关系中分离出来去看，用纯感情的角度去敬畏它。这无非是一些电视剧或者爱情小说给我们无形中带了节奏，导致我们为了某种精神满足，开始自我臆想。可这种想法只会让我们更加远离婚姻的真相。

想要搞清楚婚姻的真相，就得从源头说起。婚姻制度是哪儿来的？它不是天然存在的，而是为了方便人与人之间的合作而后天设立的。在《认知突围》里，蔡叔分了两个维度去讲述婚姻这件事，我觉得尤为贴切。

对于统治阶级来说，婚姻使得社会状态相对更加稳固。简单说就是，个人会更容易偏激，更随心所欲，更容易做出一些不利于社会安定团结的事情。一旦他们有了配偶，有了子女，就有了牵挂，有了责任，多了一层顾虑，那么就更容易被管束和自我约束。

对于个人来说，建立婚姻其实是帮助自己减少了生存成本。举个例子，夏天开空调，一个人住要付全部电费，现在两个人开一台空调，都能受益，费用也可以均摊。长期搭伙过日子就有助于减少支出，其他成本也是同理。社会总的生存成本减少了，总效益自然增加。于是，统治阶级和个体一拍即合，婚姻制度就诞生了。

其实婚姻的本质是一种合作，婚姻是为利益服务的，婚姻的存在是对大家有利。可能有人会提出质疑：很多人是因为爱情才结婚的呀。

人世间所有的情感，都源自需要，爱情也不例外。你之所以觉得爱对方，必然是对方在某个地方吸引到你，对方要么符合你的审美观，要么符合你的价值观，要么符合你的心理需要。总之，对方的存在会让你获得裨益。所以，"爱"本身就是一种"势利"的结果，是我们在无意识的状态下最大化自身利益的一种选择。婚姻也是一种利益博弈下的选择，只不过这种选择更复杂，有时候不仅取决于你的个人意志，还掺杂着你家人的需要。

当我们能够看到婚姻背后的需要置换，也就能够很坦然地面对离婚这件事。既然是合作，必然就有终结的时候。当两个人都觉得继续在一块儿搭伙过日子，并不能满足个人需要的时候，或者其中一方产生这种感觉的时候，合作自然就要终止了。

⟳ 维系婚姻的核心是，懂得需要比爱更重要

当两个人的婚姻出现问题时，很多人过得特别煎熬、痛苦，这主要源自他们没有看透婚姻出现问题的根本原因。

很多人习惯上会把爱情等同于婚姻，这也是结婚后爆发问题的一个根源。心理学上有很多关于爱情的定义、理论，其中最著名的就是美国心理学家斯腾伯格在《爱情心理学》中提到的"爱情三角理论"。充分了解这个理论，你会对爱情和婚姻有更为深刻的认知。在这个理论当中，斯腾伯格认为，爱情需要具备三要素：激情、亲密和承诺。

激情是爱情出现的诱导因素，是一种非常强烈地渴望和对方进行结合的冲动状态，是一种情绪上的着迷。直白地讲，这就是一种原始冲动。我们见到一个人时，可能会心跳加速、脸红、极度兴奋等，这些基本上是在感性支配下发生的。所以我们在生活中会戏称"恋爱中的男女智商为零"，此刻的他们会表现得特别甜蜜，把对方看成自己的真命天子、真命女神，其实这不过是荷尔蒙驱使下的一种冲动行为。

亲密可以让爱情更加长久，它更多的是指两个人互相喜欢的感觉，是两个人关系上的亲近，比如两个人平时的问候、拥抱、一起做某事的体验等。

承诺是爱情中的重要组成部分，它主要指个人内心或口头对爱的预期，是爱情中最理性的成分。当爱情初期的热度逐步消退，但是两个人仍然愿意患难与共，给予彼此一份长久的承诺时，爱情就逐步走向了婚姻。

所以看到这里，其实你就应该明白，爱情和婚姻根本就是两个概念，恋爱时是激情占主导地位，荷尔蒙的分泌和骨子里的原始冲动可能会让你们在主观上过分放大彼此的价值。同时，由于在现实中你们相互了解得并不多，所以彼此之间又会形成一定的神秘感，这都会导致你们觉得对方就是自己苦苦寻找的那个人，可实际上并不一定。

结婚后，恋爱时的激情已经逐步退去，恋爱时产生的荷尔蒙早已经消退了。你们彼此也逐步趋于理性，而且随着了解的加深，你会发现对方越来越多的缺点，更多和你不统一的地方，并且会看到对方更真实的一面。你终于明白，对方不会变成你所期待的样子，也不会再像恋爱时那样，只要你需要他，他就会出现，满足你的诉求。

我们可以这么理解，让爱情充满新鲜感的是源源不断的激情和神秘感，让婚姻保鲜的却是接纳和需要——我接纳了你的真实性，不再活在自己的幻想里；我从理性层面上感觉到你对我是有价值的，我需要你，愿意与你携手余生。

这是恋爱和婚姻一个很大的区别，很多人结婚之后很痛苦，就是因为他们把恋爱等同于婚姻，这无疑是大错特错。

我很喜欢这样一个比喻，婚姻就是两个人约好了一起去远方，但是上车后却发现，原来彼此都希望对方能全权照顾自己的人生，而且一路上的风景好得不得了，到处充满了诱惑。所以有些人为了让对方只在意自己，只满足自己，就把窗帘全部都拉上，不让对方看风景，只看自己，只关心自己，满眼都是自己。当对方跟隔壁桌的女人说话的时候，她就说："你别跟她聊了，你再聊我就跳车。"

为了留住对方，这类人选择的是极端的、威胁的方式，渴望去绑住对方或者乞求对方留下。但很显然，这种做法并不会起到很大效果。假如说一个人的心铁定了要走，那么你想方设法也挽留不住。就算挽留下来了人，其实也没有意义。

真正好的婚姻观，其实是你心里做好了充分的准备，对方有随时下车的权利，如果他在这段旅程中很满足，那就一直选择同行，而不是下车。所以婚姻本质上就是一种选择，最可贵的不是我们曾经在众多的选择中选择了彼此，而是无论过多久，无论看了多少风景，我们一直坚定自己的选择。

那么我们深层次来思考一下，为什么对方明明有很多选择，但是最终依然选择你？从人性角度来说，还是因为你与其他人相比更有价值，比如你更理解对方，更能满足对方的需要，让对方能有安全感或归属感，等等。

说到这里，我们应该可以明白人性的真相了吧，需要其实比爱更重要，我们之所以做出某个选择，必然是这个选择对我们更有利、更有价值。

所以两个人的婚姻之所以能够存在，是因为相互需要。而婚姻之所以可以一直存续，是因为双方在这段关系中能不断地满足需要。一段婚姻在多大程度上可以满足对方的心理需要，能够反映出对方在多大程度上可以抵抗外界的诱惑。可以这么说，两个人如果能够共筑一段美好的婚姻，也就帮助对方建立了更强的自律性。

可惜很多人都把这一点理解错了，他们为了不让对方离开，要么卑微到骨子里，要么千方百计地控制对方，要么动用极端的方式威胁对方，结果往往适得其反。

◐ 经营婚姻的核心是做一个被需要的人

既然需要比爱更重要，那么我们真正应该要经营的是什么呢？是自己的价值。当你把更多的时间和精力放在提升自己的价值上，当你对对方来说是具备高价值的人，当对方明白假如自己做了对不起你的事或者离开你是一种损失的时候，其实他就不会选择离开你了。

什么是爱？爱的本质是需要。只谈爱、为爱而活的人，往往思维上还不够成熟。如果对方抛弃你了，忽视你了，不再迷恋你们的这段爱情了，核心在于他无法从你这里获得满足了，那么他就可能找寻其他可以满足自己需要的人来替代你。

所以，这才是经营婚姻的核心。我们每个人都要学会在婚姻关系中容纳对方，不要管束对方，要把自己变成一个一直被需要的人，才能幸福到老。

那怎么提升自己的价值呢？有很多维度。很多人结婚后就一心扑在了伴侣和孩子身上，其实并不明智。即便结婚后，每个人都应该保持自己的独立性，要有自己热爱和感兴趣的事情，要有自己的人脉和圈子，要有自己的追求。当你把婚姻作为自己的唯一追求时，你的人生就被框住了。从投资角度来说，孤注一掷容易全盘皆输。

如果人生框架里只有婚姻，那么一旦在婚姻中受伤了，你就很容易走不出来，会很痛苦，因为你无法从其他的地方获取能量。对于你的爱人来说，你就像在家里的一个闲人，他会越来越厌烦，因为他看不到你其他方面的生命力。

所以，不要天天抱怨自己的婚姻为什么这么不幸福。如果你觉得婚姻不理想、不幸福，你应该好好去反思一下自己到底在做什么？你到底在用什么方法经营自己的婚姻？也许你很努力，但是方向错了，那必然得不到自己想要的结果。

　　人生的本质就是一个人活一生。即便在这个过程中，你交了朋友，你结了婚，你都依然属于你自己。当你把自己经营得很好的时候，一切的好都会向你靠拢，一切的不幸都会远离你。所以核心是你自己，一切皆如此。

学习人性：
用人性逻辑
升级认知与思维

第二部分————————————————————————»»»

第四章

跳出传统思维陷阱，做一个清醒的思考家

抬杠是一时爽，还是一直爽

在生活中，你是一个"杠精"吗？比如面对别人的否定意见，你是否总是难以接受、拼命证明自己是对的？面对一些新观点，你是否总是不假思索地直接拒绝？

如果你的答案是肯定的，那你就要小心了，你很可能拥有"杠精"的思维模式。这种思维又被形象地称作红灯思维，它很大程度上会阻碍你的成长。

红灯思维是什么呢？简单说，就是指别人跟你有不同意见、给你提建议或者否定你的时候，你不是尝试去理解或者接受别人的观点和建议，而是直接性、习惯性地反驳对方，跟对方对峙起来。

举个例子。你负责一个项目，忙了四五天，好不容易把这个项目完成了，然后你把项目交给组长看的时候，组长说："你这个项目这里还有点问题，这里不行呀。"

组长这样说，也许只是在就事论事，没有任何批评你的意思，又或者只是为了让你把这个项目完成得更好。但是，你听到组长的评判就"蹭"地来了情绪，一下子发泄出来："我忙了四五天，您看一眼就觉得不行。既然这样，为什么找我做，不找别人做啊。我觉得做得很完美，改不了了！"这就属于红灯思维。

我曾经跟一个交好的朋友说："自媒体时代已经来了，知识付费时代已经来了，如果你对某个领域非常熟悉，有着比较深厚的积累，你可以尝试做这个领域的自媒体垂直账号，很容易变现的。"他对我说："这个世界上能人多的是，咱们身边哪有靠这个养活自己的，天天蹲在家里搞这个，不算什么正经工作。"

这让我哑口无言。很显然，在朋友看来，只要不是规规矩矩上下班的工作，都不是正经工作。他对于自己不熟悉的事物，第一反应不是好奇和接纳，而是排斥和否定，这也是典型的红灯思维。

为什么很多人会有红灯思维呢？这也源自人性的一个弱点。在原始时代，我们的祖先生活在丛林中，危机四伏，为了生存，所以对周围环境异常敏感。他们一旦发现对自己不利的任何风吹草动，就会马上采取行动，触发"战斗－逃跑"的反应。

到了现代社会，虽然我们不再面临生存问题，生存环境也安全了，但是潜意识中会把他人的否定、批评和疑义认同为危险因素。一旦听到不一样的声音，我们就会分外敏感，开启"战斗－逃跑"反应，去跟对方吵起来、争论起来，这在心理学上被称为习惯性防卫。接下来，我们从脑科学的角度来分析一下习惯性防卫的形成。

↻ 自我意识障碍

自我意识障碍，几乎是每个人都具备的特性。我很认同，瑞·达利欧在《原则》一书中对此进行了比较深刻的说明，他指出：我们绝大部分人都有一些根植于内心最深处的需求和恐惧，例如需要被爱，害怕失去别人的爱；需要生存，害怕死亡；需要让自己有意义，害怕自己无意义等。

这些需求都来自我们大脑里的一些原始部分，比如杏仁核。这些部分都是大脑颞叶的构造，而颞叶负责处理情绪。这就导致这些区域的特性是一方面会简单化处理事务，做出本能的反应；另一方面会更渴望赞誉，而把批评视为一种攻击。尽管我们的理性能够清醒地理解并认识到，建设性的批评对我们更为有利。最终因为这些区域作用的存在，我们总是很容易对评价产生戒备心理。

毫无疑问，最终的结果就是它阻碍我们的大脑保持极度开放。一旦有人提出反对意见或者质疑我们，即便是为我们好，即便我们可能也知道是为我们好，我们的第一个想法仍然是：反驳！

↻ 思维盲点

除了自我意识障碍之外，人类大脑还有思维盲点。简单说，就是我们的思维方式有时会阻碍我们准确地看待事物。这就像人类的辨音、辨色能力存在差异一样，人与人的认知和理解事物的能力也有差异。我们每个人都以自己的认知能力看待事物，因此看到的只是受限于自己认知能力的"真相"，而非事物真实的样子。

每个人都有自己独特的思维盲点。比如有些人擅长看到大图景而忽略小细节，有些人擅长看具体细节而容易忽略大局，有些人习惯线性思维，有些人习惯发散性思维。

所以很显然，受思维盲点的影响，人们无法理解自己"看不到"的东西。更严重的是，尽管人都有思维盲点，但又不愿意承认这个事实。所以一旦某个人指出我们的心理弱点，我们就会有一种羞耻感，仿佛别人指出了自己的身体缺陷，非常不舒服。

这就导致当其他人表达出不一样的意见时，我们会感到威胁，并选择视而不见；当其他人提出的建议或批评非常具有建设性时，我们也难以领会这些建议或批评对自己多么有价值。

那么红灯思维对我们有什么弊端呢？主要有两个。

第一，我们会失去成长的机会。因为很多时候，我们的想法是片面的、错误的。如果我们一味地固执己见，不接受别人的看法和意见，我们就认识不到自己的错误，也不去改变，自然就很难从中成长。

第二，我们会追不上时代的潮流，更有可能被社会所淘汰。这个社会唯一不变的是一直在变，每时每刻都有新事物、新概念产生。如果你对事物的看法受限于自己的思维盲点，不主动去接受新事物，打碎自己的认知，实现思维破圈，那么就无法接受新事物。时间一长，你就会与社会脱节，落后于身边人，渐渐被抛弃。

这就是红灯思维的两个弊端。

那么我们该怎样打破红灯思维呢？

第一，建立缓冲期。红灯思维其实是人性的一个表现，当我们面对质疑、批判时，潜意识会自发形成防卫。既然它是潜意识层面的，那么我们保持理性，并加以阻止自动反应，所以这时就需要一个缓冲期。简单说，就是当别人否定你或者批评你、提出不同意见的时候，先不要去跟对方吵，先沉默，给自己5~10秒的时间来冷静一下。

在这个缓冲期内，你的大脑会主动把对方所说的话在脑子里简单过一遍。不要小看这个过程，通过这个过程，你可能就会意识到对方的合理性了。当你意识到这一点的时候，你的攻击性就会减弱，就不会快速启动自己的红灯思维，采取过激反应了。

第二，培养觉知思维。简单说，就是当你面对不同意见或者别人的否定，又想要直接攻击的时候，你能先觉察到自己此刻掉入这种状态中，被自己的潜意识掌控了。能够觉察到自己的红灯思维，就已经在意识上开启了对红灯思维的干预，那么它的自动化机制就会被削弱。

这就好比很多人说："我情绪上来的时候总是控制不住，做一些偏激的事，怎么办啊？"这时候，你首先应该做的是觉察，能够在情绪出现的时候觉察到它，意识到此刻的自己处在情绪化状态下，不够理性。只有建立起这样的觉察，情绪对你的控制力才能降低。

第三，把人（个体）和事（事件）分开。为什么很多人接受不了否定意见，接受不了别人的批评？就是因为他们把人（个体）等同于事（事件）了。正如上文举的例子，你把好不容易做好的项目拿给组长看，组长却提出一堆问题。你当下的反应就是怒火中烧，跟对方杠起来。你之所以出现这么激烈的抗拒情绪，是因为你把他对项目的批评等同于对你这个人的否定。他说项目存在问题，你会觉得他在说"你能力不行，你这个人不行"。所以，你感受到了攻击和歧视，因此把这件事上升到对自己人格和能力的辩护。当你有这样的认知，就无法听取他的任何意见，也难以接受他的评判。

夫妻之间出现矛盾，很多时候也是因为把事件等同于个体了。比如爱人烧了一道菜，你吃的时候说了句："这个菜太咸了，不好吃。"你可能只是对菜做了一个简单的评价，并没有任何敌意，但是爱人可能会把你的态度等同于对他（她）的否定：自己能力不行，连菜都做不好，不称职。于是，矛盾就升级了。

所以在生活中，我们务必要搞清楚这一点，学会把人（个体）和事（事件）分开。当你能真正用"对事不对人"的心态去看待事情的时候，你会发现，别人的否定意见、别人的批评，你其实是能够试着接受的。因为他评价的是眼前这件事，而不是你这个人。

通过以上三点，你就能够更加轻松地打破红灯思维，能够接受别人的意见，能够允许自己犯错，进而迎来质的成长。而这，是你变强路上的一个关键点。

最高明的猎人，往往是以猎物的形式出现

很多人在生活中的很多决策其实都不是在自己的理性指导下做出的，而是在不知不觉中受到了他人的影响。这源自鸟笼效应。

鸟笼效应是一个著名的心理现象，也是人类难以摆脱的十大

心理之一。鸟笼效应的发现者是近代杰出的心理学家詹姆斯。关于这个思维，背后有一个很有趣的故事，我们不妨先来了解一下。

1907年，詹姆斯从哈佛大学退休后，同时退休的还有他的好友、物理学家卡尔森。一天，两人打赌。詹姆斯说："我一定会让你不久就养上一只鸟的。"卡尔森不以为然："我不信！因为我从来就没有想过要养一只鸟。"

没过几天，恰逢卡尔森生日，詹姆斯就送给了他一个礼物——一只精致的鸟笼。卡尔森见状，笑着说道："我只当它是一件漂亮的工艺品，你就别费劲了。"

可是从那以后，一件糟心的事出现了。只要客人来访，看见卡尔森书桌旁那只空荡荡的鸟笼，他们几乎都会无一例外地问："教授，你养的鸟什么时候死了？"

面对这种情况，卡尔森只好一次次地向客人解释："我从来就没有养过鸟。"然而，这种回答每每换来的是客人困惑而不信任的目光。无奈之下，卡尔森教授最终买了一只鸟养在笼子里，输掉了打赌。

这就是著名的鸟笼效应。可能很多人都看过这个故事，但是事情没有发生在自己身上，所以觉得对自己的影响并不大。其实这种逻辑的背后反映的是两种非常深刻的心理。

◔ 思维定势

鸟笼效应反映出人的一种惯常心理，也叫作思维定势，是指人们依据以往所积累的经验和已有的思维规律，在反复使用中所形成的比较稳定的、定型化的思维路线、方式、程序、模式。直白点讲就是，两种事物总是同时出现，所以我们在潜意识中形成联系反应，当其中一个事物单独出现时，我们都会更加倾向于让另一个事物也出现，觉得这才是理所当然的。这就像只要看到鸟笼，我们就会想到鸟，觉得鸟笼中有鸟是理所应当的事，鸟笼和鸟之间存在必然的捆绑关系。

在生活中，这样的例子数不胜数。比如很多人背着名牌包，就觉得应该再搭配一件名牌衣服；比如当你收到一束漂亮的花，你会特意去买一个水晶花瓶，花凋谢后为了不让这个花瓶空着，你隔几天又会买一束花；比如某些商家想提升鱼的销量，会送顾客漂亮的鱼缸；比如你在网购的时候，系统会给你自动推荐一些大数据算法下符合你需求的商品，但是只顾着推荐还不行，商家也知道用户不是那种看到什么就买的人，所以还会来上"临门一脚"，送你一张优惠券，结果很多人就动心了……

所以你看，人是多么容易受到鸟笼效应的影响。只不过，很多人丝毫没有意识到。比如一个人事业成功，那他介绍的项目就一定是好的吗？比如父母和亲戚的年龄大，他们说的话就一定对吗？

答案显然是否定的。我们的惯性思维可能会将这些画等号，但是事实上，它们之间并没有必然的联系。鸟笼效应其实反映的是形式和内容之间的关系问题，即当我们事先设定了一个形式之后，就会在常规思维的基础上填充相应的内容，那必然有很大的主观性和盲目性。

当然，鸟笼效应对人的生存也是有很多好处的。比如，一到冬天，我们就会自觉去准备过冬的衣服。鸟笼效应使我们在很多生活问题上形成定势反应，进而减少额外的心理能量的消耗。所以说，这种惯性思维在某种程度上能够方便我们的生活，提高生活效率。

↻ 从众心理

我们都知道从众心理。简单说就是，个体在社会生活中，由于受到外界群体行为的影响，会在自己的知觉、判断、认识上表现出符合公众舆论或多数人的行为方式。

为什么会产生这种情况呢？因为你一旦和众人不一样，那么众人的不理解和不信任所产生的强大心理压力，就会让你无法承受。我们人类是群居动物，天性希望获得社会认同，不被群体所接纳和理解在我们看来甚至是致命的，这是我们在原始社会就形成的经验。所以外界压力在很大程度上都会迫使作为个体的人，必须沿着公众的思维路线和价值判断来行事。

在上面的故事中，这也完全得到了验证。极具个性的卡尔森教授一开始还自以为是地认为不会输掉打赌，自己只是把鸟笼当作一个工艺品，但显然最后也是无法忍受几乎来自每一位客人的好奇和困惑，选择屈服于这种心理压力，去养了一只鸟。

看到这里，你是不是对鸟笼效应有了一个更加深刻的认识？你还会觉得你是自己的主人吗？你还坚信自己的很多次决策确实是理性下自主决定的吗？

一个人想要看清自己并不难，真正的困难是大多数人都不愿意承认并接受"自己其实很容易被影响"这个事实。所以回想一下，在生活和工作中，你曾有多少次不知不觉就掉进了这个陷阱？如果是，那么该如何跳出"鸟笼陷阱"呢？

↻ 避免直线思维

大家都听过盲人摸象的故事吧，其实这就是一个典型的用直线思维思考问题的例子。

从前有四个盲人想知道大象长什么样子，可他们看不见，只能用手去摸。第一个盲人摸到了大象的牙齿，他就说："大象就像一个又长、又粗的大萝卜。"第二个盲人摸到的是大象的耳朵，他说："不对，大象明明是一把大蒲扇嘛。"第三个盲人摸到了大象的腿，于是就说："你们净瞎说，大象明明是根柱子。"最后一位盲人则嘟囔道："大象哪有那么大，它不过是一根草绳。"原来他摸到的是大象的尾巴。

这四个盲人思考问题的方式就是典型的直线思维，简单说就是他们根据得到的局部信息，在自己的惯性认知影响下，就直接得出了"大象是什么样子"的整体结论，这显然在很多时候都并不合理，而且会影响决策。

再举个例子，曾经有家奔驰公司开出了一个年薪30万元的岗位，吸引了一群年轻人去面试。刚看到考题的时候，所有人都惊呆了。考题是：将自己的手机拿去寄存，谁的价格最少就录用谁。

这些年轻人看完考题后都忙着到寄存处询问，结果对方回答：收费50元。这时，大多数人为了完成考题，都各使奇招。有人送礼物讨好，有人威逼利诱，甚至还有人跪地乞求……其实这就是典型的直线思维：我们在传统的惯性认知下，理所当然地觉得要做这件事，就应该采取这些方法。这就像我们觉得家里有一个鸟笼，那么鸟笼里就应该有鸟一样。

在这些年轻人中有一个叫克里的，他看了寄存处工作人员一眼，就转身离开了。大家以为克里放弃了，但是10分钟后，克里回来了，手里拿着一张小票递给了面试官。面试官看完，扬了扬手中的小票，当场就宣布克里被录用了，因为小票上的寄存价格是1元。

原来，克里离开后直接去了园区的小卖部，花1元钱买了一个口香糖。他拿到后立刻就放到嘴里，接下来却故意窘迫地告诉收银员："我的钱包丢了，只能暂时先用手机做抵押，不过我承诺一会儿一定会带钱过来付账，请你放心，而且这手机也不止值1元钱。"收银员也没有其他选择，只能收下克里的手机，叮嘱他尽快拿钱过来取，不然手机就要充公。

克里感激地谢过收银员之后，请他写了一张购买口香糖的1元小票说明，然后就拿过这1元的小票，回到公司交给面试官，最终以最低的价格完成了手机寄存，得到了这份年薪30万元的工作。

为什么克里能脱颖而出呢？他没有选择常规的寄存处，而是通过抵押手机的方式让小卖部收银员保管自己的手机。他没有被传统认知的"鸟笼"给框住，摆脱了直线思维的思考方式。

这一点在医学上也可以很好地理解。很多人会觉得看病就要"头痛医头，脚痛医脚"，其实这也是直线思维。真正专业的医生会告诉你，很多时候并非如此，疾病远非表面那样简单，并不是哪里不舒服了就治哪里。只有真正找到病因所在，才能从根本上解决问题。

◯ 懂得断舍离

当别人送我们一只鸟笼时，通常我们都会有两种选择：一是买一只鸟回来养；二是对鸟笼弃之不理。但大多数人都会选择前者，别人好心赠予鸟笼，没有不收的道理；而既然是别人送的，拿回家也不能说扔就扔了。所以大多数人会选择收下鸟笼，又大概率会为了填充鸟笼而买一只鸟。而事实上，自己并不是爱鸟人士。

所以，这件事的关键在于，我们是否需要它？它是否适合自己？如果你不喜欢鸟，又不需要鸟笼，那么最好的方式就是学会拒绝，心意领了，但鸟笼就不需要了。对于不需要和不适合的东西，我们要勇于断舍离，敢于把心中的那只"鸟笼"丢掉。

要记住，适合自己的才是最好的。我们每个人都有属于自己的人生路要走，每个人的人生都有适合自己的剧本，没必要缘木求鱼，也没必要削足适履。

◯ 控制自己的欲望

天下熙熙皆为利来，天下攘攘皆为利往。人们拼命熬夜，加班挣钱，努力去买更多、更高档的东西，但如果让他们说出需要它的原因时，相信很多人都说不出个所以然来。

为什么想要名牌包或豪车呢？因为别人有，如果自己没有的话，表示自己不够成功，没有别人混得好，感觉很没有面子。所以为了获得别人的认可和尊重，自己要得到它。如果别人没有，自己也要率先拥有它，以显示自己是比别人更加成功，以此满足自己的虚荣心和攀比心。

虽然有人说过："做人如果没有梦想，跟咸鱼有什么分别？"但我们还要清楚一点，志大才疏只会令人更快走向堕落和灭亡。因此，我们要学会控制自己的欲望，简化自己的想法和生活方式，好好把握时间来提升自己的内在。要记住，花若盛开，蝴蝶自来。

颠倒看人性，逆向看人生

这世上本来就没有什么神话，所谓的神话，不过是常人的思维所不易理解的平常事。普通人和高手的核心区别，就是思维模式不同。我经常跟学员说，要学会颠倒看人性，学会反向思考。接下来，我们深层次来剖析一下高手都具备的思维——逆向思维。

逆向思维也叫反向思维，它是人们对一些司空见惯的、已成定论的事物或观点反过来思考的一种思维方式。客观世界存在着互为逆向的事物，人们在思考问题时，常常从习惯的、常规的方向去思考，这种方式叫作正向思考。这样有时能找到问题的解决方法，有时却未必。逆向思维或许能带来意想不到的功效。

⟳ 哈桑借据法则

一位商人向哈桑借了2000元，并且写了借据。但快到还款期限时，哈桑突然发现自己弄丢了借据，这让哈桑焦急万分，因为他知道，丢了借据，向他借钱的人是会赖账的。哈桑的朋友纳斯列金知道此事后，灵机一动，对哈桑说："你给这个商人写封信过去，要他到时候把向你借的2500元还给你。"

哈桑听了迷惑不解地问道："我丢了借据，要他还 2000元都成问题，怎么还能向他要2500元呢？"尽管哈桑没想通，但还是照办了。结果信寄出以后，哈桑很快收到了回信，借钱的商人在信上写道："我向你借的是2000元，不是2500元，到时候就还你。"

这个故事很好地诠释了什么是逆向思维。哈桑弄丢了借据，按照我们常规的思维，被借款人一旦没有了借据，借款事实成为存疑，对方可能就会赖账。对此，哈桑感到手足无措，甚至都做好了对方不认账的准备。但哈桑的朋友纳斯列金打破了惯性思维，而是逆向思考，通过让借款人提供这个借贷关系存在的信息，从而证明了借款事实，可谓高明至极。

⟳ 亚马逊创始人贝索斯的高招

我崇拜的众多企业家中，其中一个就是亚马逊的创始人贝索斯，因为他太厉害了，甚至可以说是地球上的"异类"。

他在 30 岁时，不顾劝阻，决然放弃华尔街光鲜亮丽的工作，拿着父母给的 30 万美元做"风投"，开始了自己的创业之路，创办亚马逊。仅用了 24 年，他就将亚马逊打造成了庞大的"商业帝国"，旗下拥有 80 万名员工，公司全球年销售额最高达到 1000 亿美元，市值超过 1.8 万亿美元，名列全球前十五大经济体。而他自己也成为现代历史上第一位财富超过 1000 亿美元的人，连续三年蝉联全球首富榜榜首。

他是如何做到这一切的呢？他显然有很多属于自己的哲学，但是我这里要说的是，他所具有的与其他做出重大成就的人所共通的哲学——逆向思维。

贝索斯创立亚马逊初期，也曾多次思考亚马逊接下来的发展方向，可当大家都在依据变化而进行创业，担心自己的商业模式会被新技术和新模式的崛起而迅速颠覆，过分关注变化的时候，他却打破常规，提出了一个问题："未来 10 年，什么是不变的？"

伴随着这个思考，他明确了在零售业里三件非常普通但不会改变的事情：低价、更快捷的配送、更多的选择。贝索斯认为，即使再过 10 年也不会有客户跳出来说："贝索斯，我爱你，我爱亚马逊，但我希望你的商品价格再贵一点，我希望你的配送再慢一点。"

所以在贝索斯找到了这三件不变的事情后，他就将亚马逊绝大部分资源都投入在了做好这三件事上。最终，亚马逊的发展也证明了他的决策是多么成功。

↺ 查理·芒格：总是反过来想

除了贝索斯，查理·芒格最习惯用的思维方式也是逆向思维。在《穷查理宝典》中有这样一句话："如果要明白人生如何得到幸福，首先研究人生如何才能变得痛苦；要研究企业如何做强做大，首先研究企业是如何衰败的。"这充分证明了查理·芒格的逆向思维。

曾有人问查理是如何获得今天的成功的，他笑道："反过来想，总是反过来想。"很多人觉得这只是他的说辞，但其实并非如此。如果你有去充分了解芒格的一生，你会发现，他不只是这样说，而且一生都在这样践行。

很多人都习惯去分析别人的成功，但是查理在他的一生中，持续不断地收集并研究各种各样的人物、各行各业的事迹，并且重点总结和吸取前人的教训，将其失败的原因排列成正确决策的检查清单。查理从不试图成为非常聪明的人，而是避免变成"蠢货"，这使他在人生、事业的决策上几乎从不犯重大错误，久而久之，他自然就成功了。

这种思维很有意思，也蕴含着很深的人生哲学，可惜被大多数人都忽视了。这就像赚钱这件事，我们很多人都想要赚更多的钱，可到最后，总盯着钱的人，往往都赚不到钱。于是很多人都觉得赚钱很难，可是，事实真的如此吗？

著名舞者杨丽萍有一次被采访时说出了不同的见解，她说："我觉得赚钱很容易啊，难的是把一件事坚持做到极致。你把这件事做到极致了，赚钱是无比轻松的事。"这其实不也是一种逆向思维吗？

很多人可能觉得这些成功人士的成就遥不可及，自己并不是某个集团的老板，也没有撬动资源的本事，逆向思维在自己的平凡生活中用不到。其实在我们的日常生活中，如果你具备逆向思维，便能更高效地解决遇到的一些难题。困难之所以于我们而言是困难，是因为我们用常规思维去审视它，无法跳出固有思维。但逆向思维则是用不同的角度看待问题，那么原本令你苦恼许久的事，在另一个角度下，或许就不再是困难或问题了。

一个小伙子晚上到某银行 ATM 机存款，碰巧 ATM 机发生故障，他的1万元被吞。他当即联系银行，却被告知要等到天亮。毕竟丢钱的是自己，他是一刻都等不了。于是他绞尽脑汁地想啊想，突然灵机一动，想出一个办法。他使用公用电话打电话给客服，说" ATM 机多吐出3000元"，结果 5分钟后，维修人员赶到。

很多人看过这个故事吧，虽然这极可能是虚构的，但也是逆向思维的一个很好的说明。我们要学会颠倒看人性，人们往往更关心与自己有关的事，关心自己的利益。ATM 机吞了个人的钱，工作人员可能不会马上来解决问题，毕竟这件事最大的利益相关人是个人。但是如果 ATM 机多吐出了3000元，事情的性质就完全变了，银行成了最大的利益相关人，于是对方马不停蹄地赶到了。

比如你的家里东西很多，想扔掉一些却又不知道扔哪些，怎么办？高明的收纳师会告诉你，不要去考虑扔什么，而是思考想要留下什么，这会让你更容易做出决策。再比如择偶这件事，如何找到一位优秀的伴侣？其实查理·芒格已经给过答案了，他说："首先你要成为一个优秀的人，因为优秀的伴侣并不是傻瓜。"所以，不要去考虑别人哪里优秀，值得自己喜欢，而是考虑自己哪里优秀，值得被喜欢。

这就是逆向思维，假如你不知道自己想要什么，那就去思考自己不想要什么。我经常说，一个人能力的大小就体现在他面对事情有没有更多的选择上。那么如何有更多的选择呢？这就要求你的思维角度要多，而逆向思维可以帮助你实现这一点。

人有懒惰的天性，一旦你经常走一条路回家，你就会习惯性地只走那一条路。但你得明白，实际上去你家的路很多，而且一定有一条路比你现在走的路要近。学会逆向思维，获得更多的角度，开拓自己的认知，你才能夺得先机，立于不败之地。

第五章
知己更知彼，把握关系主动权

不言不语间看透对方心思

　　人类是一种奇怪的动物，很多时候表面说着一个想法，其实内心的真实想法却是另一个。人们往往不习惯直接说出自己的真实意图，这就意味着我们在关系中要学会找到对方心灵的窗户，主动去了解对方。看看你有没有遇到过下面这些场景和困惑。

　　1. 在职场上，同事似乎没有多么努力，也没有过硬的本事，却在公司里混得如鱼得水，上至领导，下至保洁阿姨，人人都喜欢他，升职加薪也少不了他。

　　2. 你在商场买东西，这时碰到一个销售员向你推销，你听完介绍后对这个产品一点都不感兴趣。可是当迎面走来另一个推销员向你介绍相同的产品时，你反而开开心心就买单了，还要不停地感谢他。

　　3. 很多男人总说"女人心，海底针"，他们常常不知道自己的妻子到底想些什么。明明是眼前一点鸡毛蒜皮的事情，妻子似乎总是一言不合就把十年前的陈年往事搬出来。吵一次架就像一场战争，两败俱伤。吵到最后，男人也不明白妻子到底为什么发那么大脾气。

如果你也有过上面这些困惑，接下来的内容一定要好好看。有人说，这世上最难把控的就是人。因为很多人根本就不了解"人"，这就导致本来很简单的事情，却因为不能洞悉对方内心真正的想法，而陷入"谁对谁错"的旋涡里，彼此伤害，事态朝着不好的方向发展。那么，到底有没有什么方法可以让我们理解对方心中所想，轻松拉近与对方的距离呢？这就是我们要分享的秘诀：萨提亚冰山原理。如果你能够系统地学会并运用这套原理，读懂一个人将不再是难题。

冰山原理是萨提亚提出的一个概念。她将人的自我比喻成一座漂浮在水面上的巨大冰山，能够被外界看到的行为或应对方式，只是露在水面上很小的一部分。在水面之下更大的山体，则是长期压抑并被我们忽略的内在。萨提亚将冰山分成七个层次：行为、应对方式、感受、观点、期待、渴望、自我。

⌯ 冰山层一：行为

行为位于冰山的顶端，是我们五官直接能觉察到的部分，是来自他人和环境的信息。比如，一个人在悲伤地大哭，在开心地打麻将，在愤怒地叫骂。这些都属于行为层次，是我们最容易看见的部分，也是最容易出错的部分。

我曾经问学员："假如有一个老者，衣衫褴褛，蓬头垢面，坐在花园边的石阶上抽烟，你觉得他是什么人？""肯定是个流浪汉""应该是精神不正常""也有可能是隐藏的富翁……"我的学员给出了各种答案，但是这个老者到底是什么人？其实，我们只有去询问后才能知道，而上述的猜测都是我们通过外在行为初步判断的结果。很显然，很多人往往会从一个人的行为去评判这个人，这样做虽然最容易，却也是最容易出错的。

○ 冰山层二：应对方式

我们回应外在情境的方式，就是应对方式。萨提亚认为，人们往往有四种常见的应对方式。

第一种是讨好。这类人总是对别人和颜悦色，希望每一个人都对自己满意。他们总感觉自己不够好，本质就是自我价值感很低，一旦出了问题，他会认为都是自己的错。讨好的人常有的心理活动是：这是我的错，我不值一提，我不能生气。

第二种是责备。这类人刚好和采用讨好姿态的人相反，他们会强烈维护自己的权益，会为了保护自己而充满攻击性和暴力。他们倾向于挑剔别人的错误，把一切都归咎于别人。责备的人常有的心理活动是：我绝不能让别人觉得我好欺负或者软弱。

第三种是超理智。超理智的人往往比较沉闷，让人觉得冷漠，甚至有点儿不通人情，他们最擅长的就是引经据典地讲道理，拼命证明自己的观点是正确的。因为很少触碰自己的情感，所以他们对别人的情感也不敏锐。超理智的人常有的心理活动是：一个人必须冷静、镇定；说话要有客观依据，事实胜于雄辩；情绪化是不对的。

第四种是打岔。打岔的人和超理智的人正好相反，他们的想法不断变换、富有创造性，希望能够在同一时间做无数件事。他们会用很多方式吸引别人的注意力，给人的感觉总是快乐的、乐观的，很讨人喜欢。因为他们的出现会打破很多僵持或者不愉快的局面，就像群体中的开心果，但很难将注意力集中在某个严肃的话题上。爱打岔的人常有的心理活动是：没有人会关心这个。

为了更清晰地讲解这四种应对方式，我们用一个具体情境来分析：业务员因为没有完成销售任务被经理叫进办公室，经理生气又失望地说："之前你的业绩都还可以，这次怎么搞的，业绩搞成这样？这是怎么回事？"

采用讨好应对方式的人会说："领导，对不起，错都在我，是我没有做好工作……"他完全不为自己争辩，即使原因不在他，在面对批评的时候，他也会将所有责任揽到自己身上。

采用责备应对方式的人会说："领导，你这样说，我觉得很难理解，我已经很努力了，但是这次的客户完全就是不可理喻，一会儿要求降价，一会儿要求我们提前供货，提出一大堆不合理的条件……您应该知道。"他会保护自己的利益，把错误都归咎于别人。

采用超理智应对方式的人会说："事情是这样的，近来竞争对手不断增多，我们的价格变动也过于频繁。同时竞争对手推出了更有优势的新产品，所以咱们的销售业绩没有下降就不错了。接下来，我们需要公司给予更大的支持，如市场部做一些促销活动……"他会不带感情色彩地去分析现状，并提出解决方案。

采用打岔应对方式的人会说："哦，是的，您说得对！我下次改正。"然后转身出门，就拿起手机刷视频去了……

为什么不同的人有不同的应对方式呢？每个人的应对方式形成于自己的童年。我们在生命之初最先建立的关系就是和父母的关系，我们会通过父母的触摸、言语、行为等方式来理解他们传达的信息，并以此为基础形成我们应对外界的方式。比如讨好这种应对方式的形成源于当我们童年时做出讨好父母的行为，结果获得父母的认可或者奖励，于是我们接收到的信息是讨好这种模式是有效的，于是成年后也会用这种方式来应对生活中的其他人。

冰山层三：感受

感受本质上是指我们的情绪和情感体验，生气、愤怒、委屈、悲伤、快乐等都隶属于感受。那么我们的感受是如何产生的呢？

基本上来源于两个维度：第一个维度是对当下事件的情绪体验，比如孩子没有按照父母的要求去做事，结果父母很生气。第二个维度是对当下状态的情绪体验，也叫作对感受的感受。比如，父母对孩子的行为感到很生气，同时对自己感受（当下只能生气却没其他办法的状态）的感受是无力感。再比如，我们因为某件事产生了生气的感受，但是我们往往被教导生气是不好的，所以我们会认为自己不该有这种感受，进而产生了对感受的感受，也就是对生气的感受感到羞愧。

值得一提的是，很多人往往还会用行为来表达自己的感受，比如生气的时候骂人，伤心的时候哭泣。他们的行为很容易被捕捉到，背后的感受却往往被忽视。比如妻子总是挑剔丈夫：衣服不叠好、手机声音过大、做饭不好吃……其实都是借用这种胡搅蛮缠的行为来表达自己的感受。这显然只会让事情变得更糟，如果我们能及时觉察到自己的感受，并且直接向对方表达，这样的沟通效果要好得多。反过来，我们在与人相处时，当然也要通过对方的表面行为，去解读行为背后的感受，更好地理解别人。

冰山层四：观点

观点是我们对事件的解读方式，它往往是感受的先驱。也就是说，我们对一件事有怎样的观点，就会产生相应的感受。比如学生不听话，老师会形成这样的观点：现在的"00后"都被照顾得太好了，没大没小，不懂得尊重师长。在这种观点的引导下，老师就会很生气。需要注意的是，我们所形成的观点，存在很大的局限性，甚至不合理。有两个因素会影响观点的形成。

第一，观点是在现在和过去的经验结合下产生的，而不只是根据此刻所见所闻的事实。比如，我们父母那一辈见证了太多通过读书改变命运的人，所以即便现在的社会环境已经和以往大不相同，他们还是秉持着"读书是唯一的出路"这样的观点。再比如，很多人在人际关系中总是倾向于讨好，在他们看来只有多付出一些，才能让关系更和谐，这是因为在童年时，他们通过讨好的行为从父母那里得到了更多的关注和爱，所以童年时形成的经验会一直影响成年后的行为模式。

第二，我们往往会根据有限的信息来形成观点，观点会受到我们的期待与渴望的影响。比如父母从来都没有抱过自己，便将之解释为自己不值得爱；比如同学欺负自己，便将之解释为自己很笨或不受欢迎。这种解释毫无疑问并不合理，有着很大的主观性。一旦这样解读，我们的自我价值感，也就是对自己的看法与感受就会受到影响。

我和妻子刚恋爱的时候总是争吵，为了证明自己是对的，我们甚至会翻旧账，结果各自都聚焦在证明观点的对错上，而忽视了原本引发争吵的事情。这种为了对错而进行争论的行为，其实也是在观点这一层面争论。只有意识到自己观点是如何形成的，并尊重和接受每个人必然有属于他们的独特观点，很多时候才能避免矛盾，更好地理解彼此。

↻ 冰山层五：期待

期待是一种个人的具体需求，它包括三方面：我对自己的期待，我对别人的期待，我认为的别人对我的期待。所有的期待背后都是未被满足的渴望，这些渴望往往已经伴随我们很久，如果一直得不到满足，它们甚至可能跟随自己一辈子。

我朋友小林的家里很有钱，从小父母就送她去学习琴棋书画，希望把她培养成多才多艺的女孩。无奈，小林在各方面都表现得资质平平。母亲总是数落她、否定她，她虽然很难过，但也不敢反抗。后来，小林被母亲逼着去国外留学，回来后，母亲又为她安排了一份高薪但轻松的工作。

在别人眼里，这一切都很值得羡慕，但小林却很悲伤，她觉得自己就是在为母亲而活。小林期待被认可、被陪伴、被温柔以待的需要都没有被满足，这让她产生了低自尊、痛苦、自我伤害和贬低的感觉，认为自己是一个不值得被爱、一无是处的人。

不幸的人要用一生来治愈童年，其实很大程度上都是因为有太多的童年期待没有被满足。为什么我们跟别人相处的时候，总会出现各种矛盾？很多时候都是因为我们只看到了对方表面的行为，却没有看到行为背后的期待。比如丈夫在公司被领导批评了，心情很糟糕，回到家后希望妻子能安慰自己。可是妻子根本没有看到他的需求，于是丈夫就故意拍桌子，挑剔饭菜不好吃，希望妻子能关注到自己的情绪。可是妻子只会感觉丈夫莫名其妙，甚至会为此大吵一架。丈夫没有一致性地表达自己的期待，妻子也没能从丈夫的行为中读懂他的期待，夫妻矛盾一触即发。

♻ 冰山层六：渴望

渴望是人类共有的基本生存需要，期待的本质其实就是未被满足的渴望。根据马斯洛的层次需求理论，人类共同的心理需求有五类，分别是生理需求、安全的需求、归属和爱的需求、尊重的需求、自我实现的需求。

有位老人，她的老伴不久前刚去世，但子女都很孝顺，不仅逢年过节齐齐围在老人身边，平时也经常回家探望。可是老人的脾气却变得越来越糟糕，动不动就生气，总是无理取闹，搞得子女不知所措。他们觉得已经对老人很用心了，吃穿用度什么都不缺，不明白老人哪儿来的这么多情绪。

其实子女只是满足了老人最基本的生理和安全需要，让老人老有所依、衣食无忧，但老人更深层次的需求是希望被陪伴和关注。老伴去世了，老人的内心深处是很孤独的，她渴望的是孩子们能抽出更多时间陪自己，给自己更多的关注。可是子女们意识不到老人真正的渴望，老人就通过没事找事、发脾气等方式试图让他们意识到。

↻ 冰山层七：自我

冰山的核心或基础是自我，它决定了我们与自己和世界的关系。我们终其一生都在修行，其中一个重要课题就是了解自己，知道自己真正想要的是什么。很多人活得浑浑噩噩，觉得人生没有意义，做的很多事都不是源自内心的热爱，所以总是感觉身心疲惫，这都是因为没有认识清楚与自我的关系。

张先生前两天刚过了45岁生日，那天很多朋友都来为他庆贺，可张先生却郁郁寡欢。最近几年，一直干劲十足的他突然感到危机四伏，整天打不起精神，身体也总感觉不适。自己一直寄予巨大期望的工作，好像也突然变得索然无味，甚至连升迁也不能让他高兴。虽然自己在别人看来算是成功人士，可是他自己不这样认为。随着年龄的增长，他越发觉得多年来都在自欺欺人，自己不过是为了满足他人的期望，故意表现出对事业感兴趣罢了。他感觉自己一直戴着虚伪的面具生活，他并不清楚自己真正想要的是什么。

很多人都活在自己的幻想里，总是想着世界能够如自己所预期的发展，总以为自己能掌控一切，其实是没有搞清楚自己和世界的关系，没有区分自我和外在。只有真正觉察到当下的那个"自我"是怎样的，才能找到问题的根源，并在此层面上做出一些改变。这就像很多人总是无意识地对同类事件做出相同的反应，只有意识到这种模式后，才有可能在遭遇类似的事情时跳脱本能的束缚。

○ 如何利用冰山理论，让自己更受欢迎

为了更好地理解冰山理论，我们再来分析一个具体的情境：某天上班，小王发现自己的电脑被打开了，桌面上放着一些陌生的文件。此时，小王非常愤怒（这是他的感受）。然后他大声对周围人吼道："到底是谁动了我的电脑？"（这是他的行为）。他的行为和感受背后的观点是：在没有经过我的许可前，任何人都不得打开我的电脑。

与观点相对应的期待是：如果有人要用我的电脑，必须事先得到我的许可。期待来源于这样的渴望：我希望被尊重，渴望在安全的环境中工作。在自我层面，他那一刻的自我价值感很低，没有得到同事的尊重。

这样一个简单的行为，其实就涉及很多层次的信息。如果我

们不能理解这些层面，只看到表面的行为，就容易跟对方"擦枪走火"，很难建立友好关系。

那么在日常的交际沟通中，我们该如何利用冰山理论让自己更受欢迎呢？萨提亚模式强调一致性，一致性的沟通意味着我们要同时关注到自己、他人和环境，并做出最适合的回应。

当事情发生时，你是否注意到：

对方的内在发生了什么？他的冰山是怎样的？

你周围的现实环境是什么？你与环境的关系如何？

你的内在发生了什么？你的冰山是怎样的？

丈夫下班回家兴冲冲地对妻子说："告诉你一个好消息啊！我升职了！"这时候，丈夫的冰山是怎样的呢？丈夫兴冲冲的行为背后，是兴奋和开心的感受。他的观点是：升职意味着事业的进步，是能力的体现。他的期待是：我要和家人分享这一喜悦，让他们也高兴。他的渴望是：得到家人的认可和赞美。他的自我是：这一刻我呈现了一种高能量的生命状态，自我价值迅速提升！

如果妻子能够看到丈夫的冰山，意识到丈夫真正想要的是认可和赞美，她就能以丈夫期待的方式回应他："你真棒！我为你感到骄傲！看到你取得的成绩，我们都很开心。"这样，夫妻间的感情也一定会很好。

但是，如果妻子是这样回应的："这点成绩就把你高兴成这样，都不看看自己多大年纪了。你看看那个谁，比你年轻那么多，已经坐上处长位置了。"那么，妻子的冰山又是什么呢？

也许她内心也曾渴望得到丈夫的肯定，但是丈夫并没有满足她的期待，所以当丈夫需要被肯定的时候，妻子也不愿意满足他。又或者在她的观点中，鞭策比鼓励重要，她想时刻提醒丈夫还有人比他更好，要时刻保持努力。这些都是行为背后的信息，如果夫妻双方都只能看到彼此的行为，而不去了解行为背后各个层次的信息，那么夫妻关系就会面临很多冲突。

冰山理论给我们带来的启发是：当我们看到对方的冰山后，要有意识地选择自己的行动和应对反应。我们不妨认真反思一下自己平时是如何跟别人沟通的。

很多时候，我们与某些人无法好好相处，真正的核心原因是自己不具备冰山思维，看不到别人的冰山，不能理解别人内心的诉求。冰山理论能让我们的内心开阔起来，就好比捅破了一层窗户纸，让我们更完整地看到外面的世界，活出人间清醒。

搞懂对方的认知地图，沟通才有话语权

假设你喜欢喝咖啡，我却喜欢喝茶，那么你来到我家的话，我应该请你喝什么呢？这个问题内藏玄机，我稍后为你揭秘，先看两个案例。

案例一：前脚升职、后脚降职的悲催男小明

小明大学毕业后到一家私企工作，为了实现心中的梦想，他兢兢业业，非常用功。就这样苦熬了几年，上司终于看到了他的努力，提拔他做自己的副手。可是才上任一星期，小明就被降职了！事情是这样的，虽然小明很努力，但是个慢性子，做事爱凭感觉，不喜欢揣摩别人心思，可上司却是个雷厉风行的人，凡事看数据和图表说话。每当与小明沟通，两个人总是说不到一个频道上，一周后上司找借口把小明降职了。

案例二："固执男"的"自讨苦吃"

"我们还是分手吧，我们不适合……"

"动不动就提分手，我不就是让你晚上少吃点烧烤而已。"

"呵呵……"

在一个夜黑风高的晚上，小胖的女友收拾好行李，在凌晨1点45分的时候摔门而去，留小胖一人在房间里呆坐。而说起事情的起因，简直不值一提！下班后，小胖回家和女友一起愉快地吃晚

饭，没多久，听到了一阵敲门声，打开门一看原来是外卖小哥，小胖接过外卖，拆开一看发现又是烧烤。出于对女友的关心，小胖说道："你怎么又吃烧烤，这东西不健康，再说咱们不是刚吃过饭吗？"

女友马上说道："我吃点烧烤怎么了，怕花钱啊？我自己点的，又没用你的钱。"小胖一听，脾气一下子就上来了，嚷嚷道："平时你没花我钱吗？我说你是为你好，烧烤吃太多好吗？"

女友一看胖子嗓门提高了，她瞬间也有情绪了："你别解释了，不就是怕花你钱吗，直说啊……"就这样，小胖自以为是的关心没有让感情更浓，而是让事情发展到了开头的那一幕。

为什么兢兢业业的小明却被降职了？为什么明明是为女友着想的小胖却闹到了分手的地步？很大程度上是因为他们陶醉在自己的世界里，不懂得用对方认可的沟通方式去交流。

见人讲人话，见鬼讲鬼话

回到开篇的问题：你来我家做客，我到底该请你喝什么呢？这就要看我的目的了。假如我很讨厌你的话，那么我什么都不给你喝，或是给你倒杯白开水就好了；假如我的目的是要让你喜欢我、尊敬我的话，我就应该请你喝你喜欢喝的咖啡。那我们到底该如何做才能走到对方的内心世界呢？其实，国人的一句话早就道出了精髓：见人讲人话，见鬼讲鬼话。那如何知道对方是人还是"鬼"呢？我们从小通过视觉、触觉和听觉来接收、搜集和加工这个世界的信息，每个人都有更擅长的通道，根据这一点，人可以分为三类：视觉型、触觉型、听觉型。

视觉型的人通常有以下的特征：讲话快，就像机关枪扫射一样，声调高，语句短，说话时喜欢比画。当你问他一个很重要的问题时，不要只问昨天晚上吃了什么，而要问他需要用头脑去想的问题，比如：你觉得人生短短几十年，终归一死，到底有什么意义呢？通常，在回答你的问题之前，他的眼睛会先向上看，好像在找东西一样。问题越难，他就会看得越久，眼睛向上看能刺激头脑后部的视觉神经。

触觉型的人和视觉型的人刚好相反，这类人讲话慢，声调低沉，喜欢停顿，并且喜欢做出一些肢体动作。当你问他一个重要的问题时，他的眼睛常常不是向上看，而是向下看。在这里分享一个通过行为来了解对方心理的小技巧，比如你问到朋友伤心往事的时候，如果他的眼睛往上看了一下再和你讲话，那可能是在抽取视觉记忆，说明他看淡了这件事，留下的只是视觉印象而已；如果他不敢直视你的眼睛，而是眼睛看向地面和你说话，那么不管他嘴上说什么，他的感情可能还一直都在。

听觉型的人讲话不会太快或太慢，声调不高也不低，是这三类人中最喜欢聊天的。如果你问他一个很重要的问题，他的眼睛不是向上看，也不是向下看，而是向左右看——看向左右能将注意力集中在耳朵。

了解到这三类人的特征后，我们还要了解他们分别喜欢的沟通方式。因为每个人的内心深处都是以自我为中心的，所以最喜欢的就是自己的沟通方式。

面对视觉型的人，我们的语速要尽可能快，这样才能匹配他的节奏。另外，视觉型的人喜欢用眼睛来沟通，所以要尽可能通过图片、说明书、样本或电脑视觉效果等来传达更多的信息。假如你是一个汽车销售员，顾客是一个视觉型的人，那就一定要让他看到车的形状、颜色等具体实物，他才有更大的可能性去下单。

面对触觉型的人，我们讲话的速度就要慢下来，另外，也可以尝试互相有一些肢体的接触，比如当他触摸你的手，你就试着把另一只手伸出来触碰他。

面对听觉型的人，我们的鼻音不要太重，声调不要过于尖锐，因为他们的耳朵较敏感。洽谈或闲聊时可选择较静的地点，这种人很喜欢聊天互动。切记避免只是你在讲，或者只是他在讲。他既希望能够听到你的声音，同时又要听到自己的声音。假如你是一个汽车销售员，顾客是一个听觉型的人，那就一定要让他听到汽车引擎的声音。

了解到这些，当我们再遇到不同类型的人，就可以有意识地选择对方喜欢的沟通方式进行互动。其实我们的很多苦恼都是自找的，很多问题之所以解决不了，是因为我们不愿意改变，不肯付出。经常有父母发私信给我诉说自己的孩子如何不听话，如何不上进，他们常常这样说："老师，你教的这些技巧很厉害。不过我的孩子很笨，他什么都做不到，怎么办？"其实，很多父母面对亲子问题时是最不冷静、最没耐性和最不灵活的。他们往往仅愿意尝试一两种办法，如果见不到成效，就会提高声量，打骂孩子。想要孩子听话，首先要学会用孩子能理解的沟通方式。

◔ 因人而异的大脑地图

我们要与形形色色的人交往，因此没有一套固定的标准可以套用。只有我们开始从自身改变，针对不同的人采用灵活的策略，才能占据主动地位，立于不败之地。一味地抱怨别人，抱怨外在环境，只能让类似的问题接踵而至。关于沟通，我们再来看一个故事。

我在金华待过很长一段时间，基本上游玩过那里所有的景区。就在前几个月，有个朋友刚好来金华出差，我们俩曾经共事过，难得有机会能相聚，自然要喝几杯。而我们在聊天的时候，却因为一件事有了分歧，彼此都坚持己见，试图说服对方。起因是关于金华的一个景点——黄大仙。

我只去过一次，就再也没去过。那是在去年夏天，我和几个小伙伴打算开车过去，白天观光，晚上一起烧烤。因为是周末，路上的车特别多，几乎找不到停车的地方。我们来来回回转悠了好几趟，都没有停好车。当时天气很炎热，我的心情也很烦躁，汗水不停地流。后来我下车找停车场的工作人员交流，终于成功停下车。

当时，我的包里还放着一部苹果手机，打算送给外甥女当作礼物。结果我们在寺庙前的石桌上歇息的时候，不小心把包落在了那里。等到再回去取时，包已经不见了。我当时非常郁闷，觉得在圣地不应该有素质这么低的人。越想越气，我就找了个理由和朋友告别，自己开车回去了，之后再也没去过。

当我和这个朋友谈到这里的时候，顺口说道："这地方没什么好玩的，小偷多，还不好停车，不如去别处。"结果他很不认同："没有啊，去金华，如果不去黄大仙玩，相当于没来过嘛，特别是在上面吃烧烤特别快意。"后来他又补充道，他上次去的时候人并没有那么多，很好停车，他还上香、求签，还是上上签。傍晚的时候，他和朋友一起喝啤酒、吃烧烤，特别尽兴。

那么，到底是他错了，还是我错了？这就涉及我们对大脑信息处理模式的了解。我们在与外界沟通的时候，大脑需要对外界接收来的信息不断地加工处理，就像经过过滤网一样，这个过程包括三种处理方式：删减、扭曲、一般化。

1. 删减

我们每天都通过手机、报纸、电视等通道接收着无数条信息，而大脑却无法在短时间内将所有的信息完全处理掉。所以，大脑会对这些信息进行惯性筛选，也就是删减。举个例子：现在请朝你的正前方看，你能看到什么东西？你会发现眼前明明有很多东西，你却只能关注到一小部分。其实，我们的大脑每分每秒都在做着删减的工作，只不过都是在潜意识层面进行，我们的意识层面是很难察觉的。

2. 扭曲

大脑加工的第二道程序是扭曲。"杯弓蛇影"就是扭曲的结果，扭曲会让我们对事物产生更多想象的空间，我们甚至会对同一事物产生完全相反的认知。假如你看见一个穿着非常性感、时尚的女人从酒店出来，开着跑车飞驰而去，你能想到什么？有些人会说她是富家千金，有些人会说她是事业女强人，还有人会猜测她可能是富豪包养的情妇……这一切其实都是扭曲的结果。大脑的扭曲功能会让我们产生很多的假设和想象，并引发各种各样的情绪，最终导致我们失去理性。

3. 一般化

人类天生就有学习的能力，我们在这个过程中不断积累和总结经验，这些最终都会储存在我们的大脑之中，并形成一套应激程序。一旦我们再次遇到类似或相同的情境，这些经验便会自动跳出来为我们所用，这就是一般化机制，也叫作归纳。

一般化过程可以帮助我们节省认知资源，比如我们初次认识一个人，就会将此人的音容笑貌储存下来，下次见面时能直接将其认出，而不用重新认识一遍。但是一般化也会限制我们的思维，给我们画地为牢，比如我们去搭讪一个女生，结果失败了，我们就得出了这样的经验：女生都不好沟通，我天生无法和她们交流，这辈子注定要自己过。

这三条就是大脑处理信息的模式，它们导致的结果是：我们每个人眼中的世界是片面的、残缺的、不真实的，是经由大脑处理后主观搭建的存在。所以，很多看似是真相的东西，往往不是真相，而是大脑删减、扭曲、一般化后得到的结果。

有学员咨询："老师，我对客户说了这么多，我感觉我要是他肯定就被说服了，可是对方根本没有反应，为什么呢？"其实，这就是因为过于坚持自己的内心地图。我们所感知的世界都是自我主观构造的，而且每一个人的大脑地图都是不一样的，所以对同样的事物会有不同的看法和认知。这就导致我们所表述的意图，往往会被对方曲解，并因此产生偏差。

我们再回到文前的故事：为什么小胖明明出于好心，却气得女友凌晨出走？为什么同样一个景区，我和朋友有着不同的认知和评价？因为我们的大脑地图不同，但如果用自己的地图"强行吞掉"别人的地图，让对方强行接受我们的认知，那谁又愿意呢？

掌握大脑的处理模式后，接下来我们来探究思维升级的过程。

○ 用对方的认知地图读懂对方

第一，理解层次升级，懂得大脑的反应模式。也许在学习本节内容之前，你从来没有思考过大脑是如何工作的，自己是如何定义眼中的世界的，人与人的认知差别是怎样的。但是从今天开始，我们将深刻地认识到：我们所看到的世界都是大脑主观形成的，每个人眼中的世界都是不同的，很多事情没有所谓的对错，这种差异是客观存在的。以往，当别人和我们有相反意见时，我们的脑海瞬间跳出的念头是：他反驳我，跟他作对。而真正有效的沟通，开始于接纳彼此不同的认知。

第二，本质层次探索，以效果为导向。我们很容易被情绪左右，从而做出与目的截然相反的行为。比如案例中小胖的目的其实是出于好心，想让女友少吃烧烤，但是采取了错误的沟通方式，导致事情朝不好的方向发展。所以，我们要做的就是从表面延伸到本质层次探索，要明白沟通的效果永远不取决于自己，而是取决于对方的反馈。比如你想让辍学的孩子重新回学校读书，就应该选择孩子听得懂且听得进去的方式来交流，而不是自以为是地讲大道理。

第三，从懂得到利用，加工外在信息，达到影响别人的目的。我们还要从懂得的层次延伸到利用的层次。也就是说，在懂得大脑的沟通模式后，我们在向外界释放信息时，就可以通过包装来传递积极的内容。比如我们在面试的时候会精心打扮自己，这就是通过精神、干练的外在形象，给面试官留下正面的印象。

别人欠你的，他会忘记你；你欠别人的，他会记住你

一个真正活得通透的人，一定有着更高的思维层级，他们能够看破行为背后的真相，所以活得更坦然、更幸福。在本节中，我们分享一个非常重要的思维——未完成情结。很多人为什么总是感觉很痛苦？为什么还在为过去已经发生的事情懊恼不已，不敢面对更好的明天？就是因为他们的思维一直活在过去，一直被过去的遗憾或未完成的事所折磨。

我有个女性朋友，她的爸爸脾气特别坏，有暴力倾向，脾气一上来就动手打妈妈。小时候的她看着这些情景，内心特别想要

阻止爸爸，保护妈妈。她渴望爸爸能够改变，可是那时候，她年纪太小了，根本什么也做不了。后来她长大了，也到了结婚的年纪，可是令人没有想到的是，她竟然莫名地喜欢那些有暴力倾向的男人，尽管自己因此遭受了很多折磨，可是仍然初心不改。她觉得自己的人生很不幸，总是遇人不淑。

看到这里，你是不是感觉很难理解这个女人的做法？其实我也一样，直到接触心理学后，我才开始理解。她在童年的时候就渴望改变爸爸，让他对妈妈好一点。但是她的愿望一直没有实现，因此这个愿望一直驱使她找一个有暴力倾向的伴侣，并通过改变伴侣继续完成童年没有实现的梦想。

○ 完形心理学与未完成情结

这个过程可以用完形心理学来解释，也就是说我们倾向于追求一个完整的心理图形。完整代表着有始有终，如果某件事是没有结果的、不完整的，那么追求完整的意志就会一直存在并影响着我们。即便当时被压制住了，这种意志也不会消失，而是被压进潜意识中，进而在无形中影响着我们去完成这个过程。

村上春树有一部短篇小说，叫作《再劫面包店》，讲述了一对夫妻某天突然醒来感觉特别饿，他们把家里所有的东西都吃了一遍后，仍然非常饥饿。男人对女人说："我从来都没有感觉像今天这么饿过，真奇怪。"女人也点头附和。男人突然回忆起了一件往事，他曾经和同伙抢劫过面包店，当时面包店的老板并没有抵抗，而是请求他们听自己弹了一首瓦格纳的曲子。

两个人觉得通过音乐交换面包总比抢劫违法强，于是就同意了。可是当他们拿着面包离开时，内心隐隐地感觉到不舒服。男人觉得正是因为这件事，所以他此刻才会感到无比的饥饿，女人也觉得是因此受到了"诅咒"。所以最终这对夫妻带上工具，又去抢了一回面包店。

一开始，我读这篇小说感觉云里雾里，但学习了完形心理学之后就能理解为什么这对夫妻感觉饥饿就要再抢一回面包店。因为男人去抢劫面包店的时候受到阻碍，没有完成抢劫的行为，抢劫的意志被压制住了，但这种意志并没有消失，反而一直萦绕在他的心头，促使他去完成这件事。最终他们决定"正式"地抢劫一回面包店，以完成这件未完成的事。

这就是未完成情结的强大作用。我们有句老话叫作"不撞南墙心不死"，为什么明知道是南墙，还要去撞呢？这其中就有意志的作用，如果这件事是不完整的，你的自由意志就得不到充分展示，内心就会觉得有遗憾，从而有股力量推动着你去完成。未完成情结还能部分解释小孩子的多动症。小时候，父母告诉孩子不能做这个，不能动那个，结果孩子的意志受到阻碍，无法展现出来。这些意志越积累越多，等到压制不住的时候，孩子就会在同一时间内做很多件事来满足被压制的欲望。

◌ 得不到的才是更好的

未完成情结在恋爱中也有所体现，真正的情感高手会引导对方为自己多付出一点，为什么呢？因为一个人付出多了，就代表着在对方的身上投入了更多，进而更想得到一个结果。那么为了得到这个结果，他就会越来越离不开对方，最终陷入被动状态。

古罗马诗人奥维德在名著《爱经》中描述过这种技巧，他奉劝恋爱中的男子：你可以慷慨许诺，让对方以为她可以得到很多，并先给予你回报。但是，你只给出许诺的一小部分，总之要低于她的"回报"。她看到自己的意志没有得到相应的回报，但同时又相信你的许诺是真心的，于是她会加大投入的力度，以换取你兑现承诺。然而这样一来，双方的投入进一步失衡，她的内心就会更加不甘，于是继续加大投入力度，最终形成一个恶性循环。

所以，我们常说"得不到的才是更好的"，得不到的东西对我们有一种意志的"勾引"，越是没有完成，就越是抱有遗憾，它对我们的吸引力就越大。选举的过程也是一样，一旦民众对于一个候选人投入了自己的意志，无论这种意志多么渺小，都会对他产生影响，让他渴望看到这个候选人获胜。因为候选人当选就意味着自己的意志胜利，迎来了完整的结果。

我有这样一个女学员，她在婚后为了协调好家里的关系而选择一味付出，尽量包办家里的大小事务，她以为这样做能够换来老公和婆婆的认可，可结果却让她很委屈。婆婆并没有因此高看她一眼或对她更好，反而觉得这些是她理所当然做的，没做好还要对她横加指责。

后来我跟她聊了这个话题后，她顿悟了，回到家后开始改变自己，并通过一件小事让婆婆对她的态度有所改变。她很喜欢吃婆婆包的饺子，于是特意对婆婆说："妈，您包的猪肉馅饺子特别好吃，我没吃过这么美味的，您能不能再包点，也顺便教教我呀？"婆婆自然就答应了，两个人忙活了半天。学员反馈说，第二天婆婆对她就有所改观，为什么呢？因为婆婆在这个过程中为儿媳妇付出，并投入了自己的意志，因此她会合理化自己的行为："我肯定还是喜欢儿媳妇的，她也应该还不错，要不然我怎么会给她包饺子呢？"

克里斯·马修斯在著作《硬球》中也写道，真正高明的政客都懂得，让选民记住自己的绝招，并不是帮助选民，而是求选民"帮我一个忙"。马修斯说："人性是以自我为中心的，如果一个人感觉欠了你的，他会倾向于忘记你。相反，如果你欠了他的，那么他会一直记住你。"

◯ 如何面对未完成情结

面对未完成情结，我们可以有两种应对心态。

第一，不要掉进未完成情结的陷阱，学会放下。人的一生中会遇到很多阻碍，有很多遗憾，所以不能完成的事情时有发生，如果一直被这些未完成的事折磨，那么我们的人生注定很悲哀。我们要学会坦然地面对失去，面对悲伤。如何有勇气面对呢？简单地说，就是我们要去承认自己的失去，承认自己的悲伤，然后慈悲地允许自己痛苦。当我们接受已经发生的事情，明白它已经成为一个客观事实的时候，我们的内心才能够真正放下它。

第二，小心别人用未完成情结操控、影响自己。一旦我们在某件事或者某个人身上投入了自己的意志，我们就会渴望得到结果，渴望实现自己的意愿，这个时候，我们的思维和行为就容易被影响。所以，我们要时常审视自己有没有被未完成情结所操控。另外，我们还要学会运用这种意志的魔力去影响他人，比如在一段关系中，我们不能够一味地付出，还要引导对方为自己付出。在社交中，想要消除别人的敌对行为，我们可以先请他帮自己一个忙，让他在我们身上投入意志。

吊着他的胃口，他才会对你更上心

你有没有过这种体验：明明为对方付出了很多，就差把一颗真心掏出来给他了，但是对方就是不感恩、不满意，甚至反而觉得你廉价？如果你的答案是肯定的，那么接下来的内容，你有必要好好看一下，因为它或许能够解答你的困惑。

说到"付出"这个词，其实我们每个人都再熟悉不过了，我们从小就被灌输着"只要你付出了，对方终究会被感动的""只要你为别人好，别人也会为你好"等各种思想。经过长期的灌输，我们都坚信只要舍得付出，就真的能得到我们想要的结果。可是，现实往往没这么理想。

试想下，当你为对方付出时，对方就一定会被你感动，接受你吗？不见得。当你对别人好时，能换来对方对你好吗？不一定。生活实际体验让我们发现：付出一定会获得回报，这件事的逻辑并不那么合理。因为看不到这个不合理的逻辑，所以当付出得不到回报时，我们才会失望、绝望，才会痛苦、崩溃。

付出，不是一件简单的事。了解它背后的逻辑，才会让你和周围人的关系更和谐。

首先思考下，你为什么会选择付出呢？无非两个原因，要么渴望以此提高自己的价值，要么渴望自己这么做了之后，对方也能够如此对待自己，为自己付出。想要达到这两个目的，只是使劲付出、拼命付出，是不明智的。因为世俗思想所提倡的付出方式，很多时候并不合理。

↻ 学会管理别人的期待

那到底该如何提高自己的价值，让自己的付出更有价值呢？普通人才只懂得拼命付出，高手却懂得管理别人的期待。期待值的管理，也叫作阈值管理，是我们对一个人所做行为的一个预期，它在很大程度上影响了人的主观体验。

不知道你在生活中有没有留意过这种现象，就是人们的行为多少会有点"犯贱"，比如总是对那些"对我们不是太好"的人念念不忘。明明他们对我们不太好，甚至伤害过我们，我们怎么反而对他们念念不忘呢？其实这与期待值有关。我们常常会对他们的期待值较低，觉得他们不会对我们好。如果这时他们对我们真的做出不好的事，我们也不会有很大的落差。但是一旦他们突然对我们好了，出乎意料地为我们做了几件好事，我们就容易将这个善意无限放大。

这有点像心理学上提到的斯德哥尔摩综合征。简单地说，假如你被劫匪绑架了，劫匪看到你饿了，给你吃个面包，你就会对这样的行为感激涕零。为什么会出现这情况？因为对方是劫匪，你本来已经认定他们的常规行为是做坏事，是打你、虐待你，坚决不会给你吃的。可是他们竟然打破了你的常规认知，给你吃了面包，这种出乎意料的好，会让你很感动。

在电视剧中，我们也经常看到这样的场面：女主被一群劫匪绑架，她非常害怕，这时候这群劫匪里面有一个男人对女主比较照顾，女主往往会被这个男人的善意打动，进而忽视"他是劫匪之一"这个前提，甚至还会因对方的小小善意而喜欢上他。

事实上，爱情本身也是一种情绪体验，那么这种体验是如何产生的呢？通过落差。比如，你本来预期他是一个坏人，他所有的行为都是凶狠残暴的，可是他却出乎意料地对你示好，流露出善意，这时候心理落差就有了，"好感"这个情绪体验就产生了。所以，有一个不争的社会现实就是：做了一辈子好事的好人做了一件坏事，就容易被人唾弃。无恶不作的坏人突然救了人，人性仿佛得到了升华。

这也是因落差而生。我们具体可以从两个方面去理解。

◌ 越符合预期的事，记忆占比越小

我们的大脑倾向于记住一些对比强烈的事、符合预期的事，你做的事情多，在回忆里的占比不一定就大。

经常有学员跟我抱怨："我已经为丈夫付出了很多，完全在为他而活，可我对他那么好，他为什么就是感受不到呢？"当你所做的事情都在对方的预期中时，是不容易引起他的关注的，也不容易在他的记忆中产生巨大的分量。

简单说，他可以预期你的行为，自然就不会产生太多的情绪体验和心理感受。比如，他回家后能预期你会给他倒上白开水，给他洗衣服，给他做饭，做好家务……他已经习惯这些了，你就算再坚持做10年，他心理上的感受也不会有任何的变化。

而最初恋爱时，你刚答应做他的女朋友，并为他做了第一顿早餐，他或许永远都不会忘记。因为那时的他对你的付出并不抱有任何期待，一旦付出，就超出期待，带来惊喜的情绪体验。

✑ 人们对好人和坏人的预期不一样

《经济学人》杂志曾有过一个非常经典的案例：这家杂志社针对一个作品想推出网络版形式，于是就找到一个营销专家做策划，这个专家最终就做了两个方案：购买网络版的要 56美元，购买纸质版的要125美元。结果用户大都选择了56美元的网络版。

但是问题同时也来了，纸质版的基本上没什么人买了，于是杂志社又请来一位营销大师，这位大师做了一个调整，新的方案是：购买网络版的要 56美元，购买纸质版的要 125美元，购买网络＋纸质版的要125美元。结果这次大家基本都选择了最后一种方案。

为什么会出现这种情况呢？简单说就是更贵的方案成了一种陪衬，和划算的方案形成了鲜明的对比，从而影响到人们的感受评估系统，进而影响了决策，这也被称为"陪衬原理"。其背后的底层逻辑就是2002年诺贝尔经济学奖得主卡尼曼所揭示的：人类的主观感受主要来自对比。

我们的大脑是一个只会对比的大脑，我们的感受都是通过对比产生的。一个人总是做好事，我们就会给他贴上"好人"的标签，对他的预期也会提高到较高的水平。简单说，我们看到一个"好人"做好事时，并不会感到惊讶，因为"做好事"是我们对他的预期。当他做出善意的行为时，我们觉得这就是他的本性，符合他给大家留下的期待。所以无论他做多少好事，我们都不会产生很强烈的感受，记忆自然也就不会如以往那么深刻。

但是一旦有一天他做了一件坏事，这就不一样了。因为他的行为大大低于我们对他的预期水平，这就产生一种对比，也会让我们产生非常极端的负面情绪。所以我们讲，做好人不容易啊，做了一辈子的好事，不小心做了一件坏事，就很容易被人唾弃。

那么对于那些"对我们不好的"人来说，我们已经自行把"好"的预期给降低了，我们已经假定他不会做出什么善意的举动来了。所以如果他做出伤天害理的事，我们的心里也不会有太大波动，因为一切都在人的意料之中。

但是一旦对方做了几件"普通好"的事情，就会在我们的印象中变得"特别好"。为什么呢？因为他这些行为打破了我们的预期，让我们很惊喜、很意外。所以我们讲，无恶不作的坏人突然救了人，人性会瞬间得到升华。

很多恋爱中的男人特别害怕过节，非常发愁买礼物。两个人刚在一起时，男人随便买件礼物送给女方，女方就会激动不已，感动万分。但如果两个人已经谈了好几年的恋爱，每年都要过各种节日，每次都绞尽脑汁想送什么，那么节日对男人来说就如同灾难了。因为上一次表示过了这一次就不能不表示，而且这次表示的"强度"也必须高于上一次。

比如你去年情人节送女友一个包，那今年不仅要送，还要送一个比去年更贵重的礼物，否则对方会产生心理落差。长此以往，过节就成为男人的负担了，不仅要想送什么，还要满足对方的期待，更重要的是，经济支出一次比一次大……在双方的交往和相处中，对方的期待值会建立在一次次的行为上，一次的行为产生一次的期待值，而且越来越高。任何一次的行为如果不能满足对方的期待，就会导致心理落差。这就是没有管理好对方的预期，而且还培养了对方的错误预期。

○ 如何管理别人的期待

在我看来，核心就是不要让对方预知你的行为模式，或者说你在让对方形成期待的时候，要形成一个自薄而厚的趋势。

一旦让别人知道你接下来要做什么，他对你有相应的预期，那么到时候即便你做到了，对方也不会有很大的情绪体验，因为他已经预期到了。而且一旦一开始你就表现得太好了，你把自己的巅峰状态展现给别人了，那么接下来，对方就会对你产生更高的期待。一旦你未能达到预期，就会对你有"每况愈下"或"其实不过如此"的评价，因为你总不能一直处于巅峰状态。

我有个朋友，他没什么钱，总是吊儿郎当的，但是身边不缺女朋友，为什么呢？他就是很会管理对方的期待，制造惊喜。比如女朋友大晚上让他去一家粥店买粥，他就找借口不去。然后第二天，或者在某一天，他回来的时候突然带了粥回来，还揣在怀里，温柔对她说："快喝吧，我记得你说很喜欢喝这里的粥。"结果女友就很感动。

他虽然最终还是买粥了，但是这其中差别很大：我要求你，你去买，这是顺从，我会满意，但是不会有惊喜和激动的情绪体验；我觉得你不会买，但是你自己主动买了，而且是在我不抱任何期待的情况下做的，那么我会很激动，很惊喜，很感动。

那么该如何自薄而厚、循序渐进地付出呢？我们可以从两点入手。

首先，一开始不要制造太高的"基点"，要为向上或变好留有足够的空间。比如你要让别人觉得原来你是一个善良的好人，那么一开始的时候就不要表现得特别好和善良，可以适当地"坏"一点；比如你要让别人觉得你的付出有价值，那么一开始可以形成一个稍微"吝啬、自私"的初始印象；再比如你要帮别人，那么一开始就尽量让"对方获得你的帮助"这件事稍微难一点。

其次，保持上升状态，每次尽量都稍稍打破对方的原始预期。他本以为你是不会帮助他的，试探着张口向你寻求帮助，没想到你竟答应了；他本以为你还会像上次一样，情人节送束花就完了，没想到你还在家里准备了浪漫晚餐……当你每次都能稍稍超出一点对方的预期，对方感受到的将是巨大的欢喜，甚至还会颠覆性地重新形成对你的正面印象。

第六章

永远不要高估别人，也不要低估自己

谁都不愿当傻子，即便真不聪明

你是否注意到生活中总有这些有意思的现象。

我们在入职面试时遇到的困难越多，拿到录取通知后对公司的认同感就会越强，即使真正加入后发现公司其实并不怎么样。

在感情上，谁付出的越多，谁就会越爱对方，分手后越难以放下对方。正如那句歌词：如果女人总是等到夜深，无悔付出青春，她就会对你真。哪怕周围的人都告诉你对方是个"人渣"，你还是会义无反顾地选择对方。

买彩票前，我们会对选择哪张彩票左右为难，一旦做出决策，被选的那张似乎中奖的概率就增加了。

我们喜欢与自己观点相符的事物，而对于异己或不同观点有天生的厌恶感。所以，我们总是在找寻证据来支持自己的已有观点，而对于新观点，则是内心拒绝，甚至直接过滤掉。

这些有趣的现象到底是如何发生的呢？我们又该如何加以利用，掌控人生？这就是本节要分享的主题：认知失调理论，也叫作酸葡萄理论。

○ 费斯汀格的认知失调理论

这是一个非常重要的理论，用于解释态度转变的原因。1957年，美国社会心理学家费斯汀格指出，当人类的思想和行为不一致时，就会陷入失调。人类会期望这两者是一致的，但是由于惰性、利益、权势等各种因素，改变行为比改变思想困难，所以会倾向于调整思想使其符合行为。人类会听一些想要听的话、找寻赞同自己意见的人来减轻矛盾感，修正自己的思想。

费斯汀格以吸烟为例做了说明。一个老烟枪知道吸烟有害身体健康，但是戒烟很困难，他的思想和行为之间就会产生不一致，这就是认知失调。老烟枪可能会找出许多吸烟的好处，比如抽烟会更酷、能减缓压力等，以此来安慰自己，甚至说："现在我要开车出远门，不吸烟的话，我会精神不好，那可能会导致车祸。相比之下，吸烟的危害太小了，所以我应该要吸烟。"

这就是借口——借他人的口来认同自己，合理化自己的行为，让思想和行为一致，消除认知失调。我们常听人讲：吃不到葡萄，就说葡萄酸。这也是认知失调，我们在行为上吃不到葡萄，思想上却又想吃，为了缓和这种失调，我们便开始了合理化解释，告诉自己：不是吃不到葡萄，而是葡萄酸。

在论证认知失调时，费斯汀格做了一个很有趣的实验。

他找来一批民众，把他们分为 A 组和 B 组，让他们说谎话宣传某产品。对于 A 组的要求是，只要说谎话宣传产品，事后就能得到一定的报酬；对于 B 组的要求是，自己付费或者自愿购买该产品。结果是，接受报酬说谎话宣传产品的 A 组并不相信广告宣传，因为他们是给予报酬才宣传的；但自己付费或自愿买产品的 B 组往往会相信这些广告，甚至自愿为该商品宣传，因为他们没有获得实际的金钱收益，所以必须自圆其说，避免出现认知失调。

于是，费斯汀格提出了他的结论：假设某人十分相信一件事，并以此信念采取了不可挽回的行动，万一最后他无法否认自己信仰之错误时，他不仅不会消沉下去，反而会产生更坚定不移的信念以获得自我解释。

2016 年的一天，我的一位叔叔突然来到我家，他满脸高兴地找到我的母亲，说自己正在做一个大项目，非常赚钱，想让母亲一起合伙做。母亲虽然只读到小学一年级就辍学了，却是个谨慎的人，就追问叔叔是什么项目。原来，这个项目是给社区安装摄像头，只要交 15 万元，就可以成为公司股东，手下有很多员工办事，自己只要每天坐办公室，年底静等分红就好。

我母亲觉得事情没那么简单，这可能是个骗局，她提醒叔叔有可能被骗了，应该赶紧把钱拿回来。可是眼下越是着急劝叔叔，叔叔越是拼命反驳。母亲细数很多常见的诈骗套路，叔叔也不甘示弱拿出证据反驳，比如项目是亲戚介绍的，他曾去考察过，公司给他办了金卡（后来他去查证才知道，虽然是金卡，里面却没有钱）。两人僵持不下，叔叔气得还未吃饭就离开了，并撂下狠话说以后不再来我家，母亲也大声回应"不来就不来"。结局可想而知，直到与骗子失联，钱打水漂，叔叔才醒悟过来。

面对母亲的质疑，叔叔不仅没有反思自己，反而拼命证明自己没有被骗，开始维护别人。为什么？这就是受认知失调的影响，叔叔在合理化自己的行为，毕竟没有人愿意承认自己愚蠢。一言蔽之，承认自己的错误很难，谁都不愿当傻子，即便真的不聪明。

艾略特的社会心理学实验

心理学家艾略特做过一个实验，他发现忍受了让人超级尴尬的入会仪式才可以加入某个讨论小组的女大学生，会觉得自己参加的这个小组及讨论非常有价值，尽管事实上，小组成员"要多无聊有多无聊，要多无趣有多无趣"。而入会仪式比较简单，甚至完全没有通过入会仪式就参加了讨论会的女大学生，则会觉得自己新加入的这个小组"没意思"。

进一步的研究还发现，当女生需要忍受的痛苦越大，她们就越容易说服自己：新加入的小组及活动非常有趣。这其实和我们之前讲的人性背后的价值规律不谋而合：费尽周折才得到某样东西的人，比轻轻松松就得到的人对这件东西往往更加珍视。

企业在招聘时故意增加面试和试用期转正的难度和维度，会提高入职员工的归属感；女生在面对男生追求时，多制造一些困难会让男生更爱自己；很多社群在运营中通常会在成员进群时设置一堆门槛，比如转发分享截图等。这都是在利用认知失调操控你的心，让你服服帖帖。

小美性格内向，大学毕业后一直纠结于未来的发展方向，后来看到很多同学都报名考研，她想了想也选择了这条路。她花了不少钱报名考研班，可是随着一段时间的学习，她发现自己根本不想要这样的生活，考研也不是自己的内心所想，于是就想要放弃。可是当她看看已经交的学费，并且想到已经向众人表达了考研的决心和想法，没办法就又打消了念头，坚持着混日子到考试那天。结果考研失败了，她又抱怨自己当初未能果断点放弃考研，如今反而浪费了时间。

之所以会出现这种情况，也是因为小美掉进了逆向合理化的陷阱。简单说，我们会不自觉地为之前的付出找合理的理由，让前期的行为合理化。这是人的一种自我保护机制，我们要维持"我是好的，我是对的"这种良好感觉。小美在考研过程中觉察到这一切不是自己想要的，但是因为前期已经投入了许多，并且跟众人宣扬了自己考研的想法，所以即便内心已经动摇，她还是会混日子坚持下去。经济学上的沉没成本，其实说的也是逆向合理化。

⟳ 人都有自我保护的意识，不想直面有缺陷的自己

大家有玩过哈哈镜吗？这种特殊的镜子会让你看起来扭曲、变形、模样滑稽古怪，引人发笑。美国心理学博士史蒂芬·史多兹曾经提出，我们的人际交往中存在哈哈镜效应。当对方指出我们的错误或是把我们辩驳得哑口无言时，其实就是让我们看到了哈哈镜里的自己，我们被暴露出各种缺陷，比如自私、无知、愚蠢、庸俗、固守教条等，这时我们自我保护意识的开关就会被瞬间打开，毕竟没有人希望自己在别人眼中看起来是个笨蛋或者无知的人。为了保护自己，我们开始下意识地去反驳、证明，而忽视客观事实。

为什么我的母亲找出各种例子给叔叔分析，叔叔并没有妥协，反而反驳得更激烈，证明自己没有错呢？就是因为母亲让他看到了哈哈镜中的自己：无知、愚蠢、急功近利。于是他的自我保护开关被触及，为了证明自己不是这样的，他开始搜寻对自己有利的证据来反驳母亲，以此掩盖自己的缺陷，结果却害了自己。

再举个常见的例子：有些人花了大价钱买了一件其实很便宜的东西，当你好心提醒他可能被商家骗了的时候，他们反而会找

出各种说辞告诉你，他买的跟假货不一样。即便他内心已经被说服自己有可能被骗了，嘴上也是不会承认的，承认就相当于告诉你：我很傻、很无知，所以才会被商家骗。

这一点，詹姆斯·哈威·鲁滨孙的著作《理智的形成》中也有提及：我们偶尔知道自己会毫无阻力地改变主意，没有什么沉重的心情，但如果有人说我们错了，我们就会因为对指责的憎恨而铁下心来。我们在形成信念时很随意，随意得叫人吃惊，但当任何人提出要剥离这些信念时，我们就会充满保卫它们的可怕激情。显然，并非那些想法很重要，而是我们的自尊受到了威胁……

↻ 通过反驳别人，以减轻"自己没那么好"带来的压力

不得不承认，我们总会无意识地通过周围人的行为来衡量自我价值。或者说，我们总把别人的看法看得太重要，害怕在别人面前呈现不完美的自己。所以一旦我们不被认可或者被指出错误时，就会开始下意识地反驳、证明。

比如碎碎念的父母一说你不务正业，你就会生气发火，和他们辩驳，指责他们只关心工作，不关心你；比如你的男友说你太爱发脾气，这样人际关系容易出现困局，你就会大发雷霆，指责他不爱你，并且拿出你很容易交到朋友的证据来反驳他。其实，这都是太重视别人眼中的自己，害怕别人会觉得自己不够好的表

现。为了避免出现这种情况，你选择拼命反驳、指责对方，因为对于我们的潜意识来说，只要错的是别人，"自己可能没那么好"的压力就会减轻。

这世界上有两种人：强者和弱者。对于弱者来说，他们更在乎别人的评价，更不愿别人说自己不行，所以为了避免别人的指责和建议，他们往往会选择反驳来"掩耳盗铃"，麻醉自己。看到这里，你应该明白了，为什么很多时候你明明好心劝一个人，对方不仅拼命反驳，甚至还"明知山有虎，偏往虎山行"？这背后是有人性逻辑的，每一个看似不理性的行为，都隐藏着深刻的人性因子。你需要的是看透人性，掌握策略和方法。

讨好别人，就等于得罪自己

你在生活中是一个讨好者吗？

你是否总是过于关心别人的感受、别人对你的看法？

你是否总是说话小心翼翼，不敢表达需求，更不敢提要求？

你是否常常担心自己的某个行为会让别人不开心，所以常常都选择委屈自己、牺牲自我？

如果是，你就要小心了，这说明你在生活中充当着讨好者的角色。讨好者往往有严重的内心冲突。因为你的外在一直想要讨好别人，跟别人建立和谐的关系，但是你的内在一直想要做真实的自己，这时候，内在和外在的需求不能同时满足。你虽然可以委曲求全换取别人的开心，但同时也期待别人能在你遇到困难的时候施以援手，给你关爱。而当这个期待落空的时候，你就会陷入巨大的痛苦中。

○ 讨好者把讨好当作生存工具

那么，既然讨好如此痛苦，为什么要甘心做一个讨好者而不顾及自己的感受呢？其实他们并不是傻，从某种程度上来说讨好也是为了自己。在讨好者看来，让别人不开心是一件很糟糕的事，这可以体现在两个维度上：一是害怕惩罚，担心对方会指责、嫌弃甚至惩罚自己，比如工作上使绊子、阻止晋升、说坏话等；二是害怕对方不再爱自己、喜欢自己，更担心遇到困难时也没人愿意帮自己。为了避免这两种风险，他们不得不选择讨好。

事实上，这些所谓的风险，其实大部分是讨好者自己臆想出来的，是一种限制性信念。这种信念与原生家庭有关，他们的父母往往比较严格，平时也不太关注他们，为了得到父母的爱，他们唯一可以做的就是不停地自我牺牲，期待被父母温柔以待。他们不被允许表达真实的自己，即使曾试图表达自己的真实感受，但是得到的反馈往往是被否定、被批评，或者使父母不高兴。童年的他们没有力量依靠自己存活，需要的安全感和爱只能通过父母来获得。因此照顾好父母的情绪，成为他们唯一的求生之道。但是当他们把一切寄托于外在给予的时候，基本上就丧失了自我的主动权，而且这种被动会一直延续至成年，表现形式就是通过讨好来换取爱。

↻ 先讨好自己，再讨好世界

童年时期得到父母无条件爱的人，他们深信自己值得被爱，也有能力爱自己。所以他们不会将需求的满足寄托于外在，所以即便做一些事会让对方不开心，他们也没有那么害怕。和讨好者不同，面对惩罚、指责和孤独，他们也有底气表达自己的真实想法，坦然争取属于自己的合理利益，而不是一味委曲求全。他们的关注点是聚焦内在，会通过提升自己的价值吸引别人主动付出爱，又能内外一致地表达自己的需求，吸引别人为自己付出。即便没有得到对方的回应和付出，他们也可以从内在获取力量疗愈自己，享受孤独，做自己喜欢的事。

对于讨好者来说，一定要清醒地认识到，只有先好好爱自己，不再向外索求爱，你才能教会别人来爱你。当然，不再向外求，并非意味着完全和外界隔离。毕竟有很多事情，我们是无法靠自己完成的，必须借助他人的力量。但是如果你为了得到别人的爱，避免被指责和讨好而选择牺牲自己，讨好别人，这显然就是过度依赖。提升内在的能力，学会自我保护，才能不再害怕惩罚和伤害。这就像我们热爱和平、维护和平，但不代表同意不合理的条款，也不代表惧怕战争。

另外，我们在人际交往时依然要顾及别人的感受，这样别人才愿意跟我们相处。但这不代表我们就要一味委屈自己，而是要有一种底气：你喜欢我固然很好，但是你不喜欢我，我也可以活得很好，你对我的认可并不是我的生存必需品。当我们有这种心态的时候，才能与他人真正建立平等的关系，而不再是依附关系。

讨好者最需要学习的就是发展出自己的力量。你首先要意识到，现在的你不再是童年那么弱小的自己，你有能力保护自己、照顾自己。这个改变的过程确实不容易，因为它涉及两个核心概念：经验的好处和期待的好处。经验的好处就是切实体验过的好处，比如冰激凌凉爽丝滑，这种感觉是我们真真正正感受到的；比如在炎热的夏天打开空调，凉风徐徐吹来，我们也可以直观感受到这种凉爽。而期待的好处是我们并没有真正体验到、只是根据想象推断出的好处。比如我们在理性层面上知道跑步可以锻炼身体，但并没有真正体验和感受过跑步后的感觉。比如我们知道如果未来想有更好的发展，现在就要多读书，但是并没有真正体验到读书带来的正面感受。

当我们维持现状的时候，经验的好处就战胜了期待的好处，主导着我们的行为。因为经验的好处是我们真正体验和感受过的，我们的潜意识也更倾向于保持在这种状态，这种感觉更熟悉，而且在大脑看来也更安全。讨好者的改变也是如此，他们之所以选择讨好，是因为可以从讨好这一行为中得到好处，这套模式也已经被验证了无数次，比如小时候靠讨好获得父母更多的爱，避免了很多冲突，所以成年后与人交往时，总会不知不觉沿用这套模式。

↻ 让不讨好的"暴风雨"来得猛烈一些

那我们到底应该怎样改变呢？可以尝试做两件事。

1. 每当你害怕别人不高兴的时候，可以问问自己在怕什么，别人不高兴会出现怎样糟糕的结果。最好把它写出来。

2. 思考假如这个后果真的发生，你有没有能力面对，会怎样面对。

我们在心理层面思考过这两个过程后，还要在现实生活中检验自己的假设，比如与人沟通时，尝试表达自己的真实感受和想法，而不再把关注点放在照顾对方的情绪上。观察一下对方是否会不开心？如果不开心，你假设的后果是否真的会发生？还是事情根本就没有那么糟糕？即使后果真的发生了，你是否真的不能承受？

当你发现后果并没有那么糟糕，或者完全可以承受这个后果的时候，你就开始不再害怕了，讨好的应对模式也会发生改变。因为你已经形成了新的"经验的好处"，切实体验到表达自己感受的后果，你会感觉到这种体验比讨好更愉悦，就不会再局限于以前的行为模式了。

你嘴里的"自律"，其实是自虐的伪装

你有没有尝试过通过自律改变自己？比如每天制定详细的打卡任务督促自己学习。坦白说，我也曾经多次尝试自律，前年给自己定的目标是每天早起跑步20分钟，每个月读3本书；去年给自己下达的任务是每天写一篇文章，做50个俯卧撑，学习20分钟英语。可是令我难以说出口的是，往往不到一个月，我就坚持不下去了。我也曾以为是自己的自控力不够，或者性格不坚韧，可当我深入研究自律，并且了解了很多能够长期坚持的"大神"后，我突然发现自己对自律一直着有深深的误解。

其实自律就是一个伪命题，很多人认为自律能让自己变得更好。那么换句话说，自律的前提首先是你认为当下的自己是不够

好的，你不接纳这样的自己，你才会想要达到更好的状态。这时，你就已经沦为大脑的奴隶，被各种听过的、学过的、广为流传的认知操控着，并在理性层面上强迫自己做一些内心并不太想做的事。更直白点说，你并没有很享受做这件事，只是屈服于世俗认知下的强迫性行为。或者这件事只是理性上听起来有道理，但是实际上你并没有发自内心地认同。

要知道，只要你不是发自内心地想做一件事，基本上都坚持不了多长时间，因为你的理性即便能暂时获得胜利，也很快就会被惰性打败。想要更加透彻地了解自律，你必须搞懂人类最重要的两套动力系统：自律系统和自我系统。它们就像一双筷子的两端，满足一方，另一方就无法满足。《认知颠覆》的作者程驿老师对这两套系统进行过具体的说明，我将结合自己的认知简单展开分析。

↻ 压抑人性的自律系统

一般情况下，我们之所以变得自律，往往是因为刚经历过失控的状态。举例来说，一个人或许很胖，但她一开始并没有想着要减肥。但是有一天，当她发现同事们的身材都很好，或者刚交了一个男朋友，对方却嫌弃她胖，这个时候她才会意识到自己的胖是一个问题。这时她就处于一种失控的状态——既对自己的身材失去控制，对美失去控制，又对别人的评价失去控制，这一切都让她不舒服，所以她开始通过自律减肥。

从生物学的角度来讲，一旦意识到失去了控制，大脑中的岛叶部分就开始变得活跃，并产生激素，这些激素会让我们感觉非常痛苦。为了消除这些痛苦，我们的大脑就会开启防御机制，开始采取行动，行动大概分为两种。

第一，压抑原始的人性驱动，也就是内心的渴望。比如有人因为抽烟得了肺炎，总是咳嗽，他开始尝试停止抽烟，这就是在压抑抽烟所带来的快感。你看见一个美女，心砰砰乱跳，但你也不会直接去表白，而是表现得很有礼貌，这也是在压抑内心的渴望。这些渴望都是符合人性的，而自律则是去人性化的过程，早起、戒赌、戒烟等都是让我们压抑天然的人性驱动，追求一种所谓的理想化状态。

第二，升华欲望，成为别人期待的角色，进而获得社会认同。人类从原始社会开始就是群居动物，因此有获得社会认同的需求。而获得认同最好的方式就是成为别人期待中的角色，我们一生大部分的精力都用在这件事上。比如，高中时的自律是为了获得名牌大学生的角色；工作中踏实努力是为了成为领导眼中的好员工；有些女性终其一生都是为了成为某人的好太太、好母亲、好儿媳。这些本质上都是通过压抑自己，获得别人的认可，最终让自己找到可控的感觉。

其实自律并不是多么高级的概念，它只是大脑在权衡利弊后所做出的一个理性选择。因此，自律并不是无欲无求，也不是不需要外部认同。很多人有误解，认为那些自律的高手不会在意别人的目光，其实并非如此，再自律的人都离不开对获得认同的追求。如果完全没有人关注他们，那么这些自律的行为能持续多久呢？

在《如何想到又做到》一书里，作者也指出，如果想让人们真正去行动做某事，最好是有一个社群或者平台供他们交流、相互鼓励和认同。因为理性主导下的自律，一旦长时间得不到外在的回馈，很快便会枯竭。比如你每天早上跑步 20 分钟，你发现身体并没有明显变化，或者也没有人看到你有什么变化，外在对你的评价还是原来的样子，你可能就开始放弃了；再比如你写文章，坚持写了一个月，发现粉丝没有丝毫增长，也没有赚到钱，你也没有动力再继续做下去了。

○ 顺从天性的自我系统

那种发自内心想做的、不想被改变的状态叫作自我。自我系统同样有一套工作机制，自律是源自对某件事失去控制感，所以通过压抑天性来获得控制感。自我正好相反，当你做某件事时，如果顺从天性，直接获得控制感，你就会很满足。比如，吃更多零食，让你对美食的渴望得到了满足；学会一道算术题，父母夸你厉害，你获得了认同；追到女朋友会有满足感；找到好工作会有满足感；买车、买房也会获得满足感……那么，为什么你会因为这些事获得满足感呢？

麻省理工学院的研究者发现，当人获得满足时，大脑的伏隔核部分（对大脑奖赏、快乐、恐惧及安慰剂效果起重要作用的部位）会变得异常活跃，它的作用是释放多巴胺，提供欲望被满足的愉悦感。这样，你的大脑就知道了，原来你做这件事（比如吃巧克力、购物）是可以获得愉悦感的。那么为了继续获得这种愉悦感，大脑就不断驱使你重复做这件事。

看到这里，你有没有看出自律和自我的区别？自律是一个人理性地要求自己去重复做一件事，这件事大部分是压抑人性的，而自我是大脑驱使自己重复去满足一件事，这件事大部分是顺从人性的。那些看上去极度自律的高手，比如乔布斯对产品功能的疯狂追求、日本匠人 60 年只做一件事等，其实都是极度自我化的状态，他们只是沉浸在极度的自我满足感中，这种感觉驱使他们一直做下去。

那我们到底该如何持之以恒地做一件事呢？在我看来，这并不是靠单纯的自律或者满足自我来实现的，而是需要两者充分配合。

简单地说，我们要让理智大脑参与进来，客观分析一下我们要做什么，从哪些方面开始，怎样做是正确的，最终确立一个大而正确的方向。

然后，再从自我系统出发，看一下自己感兴趣的东西是什么，做什么或者怎么做是愉悦的、能获得好处的。

最后，我们要发挥自律系统的作用，限制一些边缘因素，比如每天做多久，怎样保持专注，等等。

运用人性：
做事、做人、处世

第三部分————————————————————≫

第七章

清醒做事：教你破解成事困局

想成事，不能太佛系

　　说到底，我们人类不过是一种高级动物，因此天生敢于追求自己想要的东西，敢于提出要求，敢于麻烦别人，敢于把握机会，敢于优先考虑自己。一个人想成事，一定要有欲望的推动和助力，这样才敢于争夺机会。

　　很多人觉得主动争取并非君子所为，但社会的资源本就是有限的，所以斗争也是一个必然的事实，不争夺就可能被淘汰。你什么也不做，什么也不去争取，突然有一个机会降临到你身上这种事，是永远不可能出现的。我们想要的一切都要靠自己去拼搏、去争夺。那为什么很多人不会主动争取呢？在我看来主要有两个原因。

　　第一，家庭教育的影响。

　　当我们还是孩童的时候会有很多需求，但这些需求有些是父母能够满足的，有些是父母满足不了的，这时候父母可能就会用内疚感来控制孩子。比如你要求父母买一个玩具，父母可能会这样说："你看隔壁家的小明，他就很乖，不会和你一样要玩具，你太不乖了。"或者说："我们家有很多钱吗？你看爸爸工作不辛苦吗？做人不能这么自私。"

久而久之，你可能得出了一个结论：需求越多越不好，需求越少越好。这样的信念一旦产生，你未来哪怕面对合理、合法的需求时，也不敢去争取。比如向老板要求加工资，跟喜欢的人表明心意，向客户报价……你都不敢大胆说出自己的需求，因为你从小就是这样被父母教育的。

第二，世俗思想的过度熏陶。

我们提倡乐于助人，舍己为人，先人后己，要做君子。我们当然是认同这些思想的，它能够帮助我们构建一个更加和谐、文明的社会。但是可怕的是，有些人过分曲解了这种思想，认为要做君子，就要完全忽略自己的利益，一旦为自己考虑就是自私，就会良心不安，会背上沉重的道德包袱，因此他们宁愿选择彻底放弃争取。这就是走向片面和极端了，反而会让我们在决策时做出错误的选择。

生活中有太多这样的人了，面对本来属于自己的机会，都不敢去大胆追寻，你不争不抢，这个机会肯定会被别人抢走，你就成了失败者。所以，不争不抢是一种美德，但是在合理、合法范围内，不争不抢并不是生存之道。

↻ 大胆争取属于自己的机会

在电视剧《天道》中，丁元英带着王庙村的农民通过低价策略猎杀了林雨峰的乐圣公司，林雨峰指着丁元英的鼻梁骂："你这个人太没有道德，没有情怀了，太卑鄙了！"但是丁元英反问："市场的真理是什么？是在市场允许的、合情合理的范围内，敢于大胆追寻属于自己的机会。"

冯仑在《扛住就是本事》这本书里讲到一个"泼妇理论"，简单说就是一个泼妇和一个文明的贵妇当街吵架，谁会取胜、占到好处？很多时候都是这个泼妇。为什么呢？因为泼妇的底线更低，为了吵赢，她可以用各种手段，一哭二闹三上吊，丝毫不顾及面子与形象。但是对于贵妇来说就不一样，她需要维持自己的形象，不能有违道德底线，所以面对猛烈的攻势，她可能会丢下几个钱，快速逃跑。

这本书中还列举了一个例子，就是二战期间德国人屠杀犹太人的事件。当时犹太人的数量是德军的10倍甚至100倍以上，其中不乏精壮男人，为什么就这样接受屠杀而不去反抗呢？

冯仑引申出了两个概念：文明和野蛮。

简单说，我们确实要推崇文明，但是过分推崇文明则可能走向另一个极端，反而得不偿失。文明首先是一个驯化的过程，让人脱离野蛮，进入秩序、道德、法律、规则当中，这一开始是好事。但是如果一个人被过分驯化，其在接下来的人生中可能就会严格按照这种习惯、道德、法律、规则办事，并将此视为理所当然的、必需的、可以被坦然接受的事情。这必然会导致一个人过分机械化、教条化，只能按照被教化之后的方式去应对外部的挑衅，从而丧失了本能。

这就导致了二战时的这些野蛮人命令犹太人把衣服脱掉，把耳环摘下来，把眼镜摘下来，他们也没有反抗意识，似乎认为这是应该的。接近毒气室的时候，他们已经绝望了，在这种情况下，他们仍然排着队进入毒气室，也没有任何反抗，这是一种悲哀，甚至可以说是文明被野蛮奴役的悲哀。冯仑说，文明程度越高，越容易被野蛮所奴役，所以野蛮在文明面前，往往表现出一种原始的冲动和强大的暴力，以及不按游戏规则来玩的优势。这就是文明和野蛮在相处过程中的一种潜规则，或者说是一个显而易见的结果。

一个人在意的东西太多，束缚太多，考虑的因素太多，做事的时候就会束手束脚，难以决断，容易错失机会。我们要明白的社会现实是，我们要走向文明，但很多时候绝不能完全没了血性；我们要有底线，但是面对不同的人、不同的事，也要讲究变通，一味地恪守教条，有时候是一种愚蠢。

○ 不要被假佛系蒙蔽

当然，看到这里，可能有些人会说："算了，我还是活得佛系一点。"说到这里，我们来分析下佛系。不知道从什么时候开始，很多人都想要过上一种佛系的生活，把佛系天天挂在嘴边。但是，很多人可能根本就没有理解什么是佛系。

他们所谓的佛系，更多的是一种对自己无能的掩饰，或者说是一种心理安慰。也就是说，他们自己没有能力，也得不到，所以干脆就说自己不想要。这种佛系本质上是一种被动的退行模式，是一种自我欺骗。他们明知道自己不行，却又不想着如何让自己行，反而寻找了一个冠冕堂皇的借口来为自己的"不作为"解释，以求心安。

真正的佛系，是充分具备主动性的，也就是你有能力得到，却选择不在意得失。这里的关键是，你是有能力的，你是具备充分选择权的，只是你不执着。

所以，不要随意拿佛系当作自己不进取的借口，也不要过分扼杀自己的血性，觉得自己更高尚一点。想要成事，必须具备点血性。

想逆袭，要懂得"装"的智慧 \\\

作为一个普通人，没有家庭背景，没有社会资源，应该如何逆袭呢？等到有一天，你终于熬出头，身居高位，又如何避免"枪打出头鸟"，避免成为他人的威胁？这就是本节要分享的内容："装"的智慧。

⟳ 普通人如何逆袭

人类降生到这个世界上，第一要素是生存，所以拥有越多的生存资源越有利。正因为如此，我们才更希望和有资源、有价值的人或公司合作。不得不承认的是：所有获得巨大财富的人，他们的财富积累都是越阶式的，而不是线性增长的。所以，普通人想要完成逆袭，很大程度上需要依靠偶然性，去寻找运气，而不是让运气找自己。想要寻找运气，首先要学会包装自己。我们来看一些案例。

1991年，冯仑和王功权下海南。他们在工商局注册了一家公司，注册资金1000万元，然而实际上几个合伙人只凑了不到3万元的资金。这是第一步包装。

仅凭3万元钱，想要做房地产几乎是天方夜谭，但冯仑要求公司所有人都穿戴整齐，言谈举止要让人一眼看上去就觉得很有实力的样子。这是第二步包装。

接下来，冯仑找信托公司融资，他给老板讲述自己耀眼的经历：从中央党校研究生院毕业后，先后在中央党校、中宣部、国家体改委、武汉市经委和海南省委任职，历任讲师、副处长、副所长等职务，还主编过《中国国情报告》等图书。说完这些，信托公司老板对他已经建立了信任。

这时，冯仑又讲述眼前的商机，说这单生意包赚不赔，希望双方一起合作，自己承诺出资1300万元，对方只需要出资500万元。信托公司老板经过一番评估后，慷慨地甩出了500万元。冯仑拿着这500万元，让王功权到银行做现金抵押，又贷出了1300万元。他们用这1800万元买了8幢别墅，经过包装后转手，赚了300万元。这就是冯仑在海南淘到的第一桶金。

冯仑用3万元赚了300万元，这背后是有人性逻辑的。人性的弱点就是更愿意和有钱、有资源的人合作，如果你不懂得包装自己，就没有机会放手一搏。

冯仑有一个朋友叫张少杰，他是20世纪80年代很有影响的经济学家。张少杰在经商之前，冯仑把他介绍给牟其中当门客。后来张少杰想要自己做一个咨询公司，就托冯仑给牟其中传话，希望牟其中能投资。牟其中知道后爽快地给张少杰投了20万元，张少杰对此非常不满，20万元连租场地都不够，认为牟其中小看自己。

牟其中知道后，跟他说了一段非常经典的话："你到上海打听一下哪儿的饭店最贵？你就去这家最贵的饭店顶层请上海最牛的人，把这20万元花完，你至少能赚200万元。"

张少杰说："这不可能吧？！"

牟其中说："你不信，我告诉你，最重要的不是你有多少钱，而是别人认为你有多少钱。你在最贵的地方花20万元请最牛的人吃饭，那整个上海都会认为你是最有实力的，很多有钱人就会主动跑过来跟你打交道，你还怕最后赚不到钱吗？"

可见，真正厉害的人跟普通人的思维想法是不一样的，他们往往能够打破常规，创造更多的机会去赚钱。

对于很多刚走入商场的"书呆子"来说，这是非常值得学习的。可能有人会说，这不是商业欺骗吗？我们要学习的是商业布局，这两者的差别是什么呢？

假设你和一个快渴死的人都困在沙漠里，你有水，他有钱，你俩互相交换资源，这就是商业布局。但如果你拿到钱，没有给别人水，这才是商业欺骗。

俞敏洪在创业初期也是这样包装自己的，他四处贴小广告招生，很多人来实地考察的时候，发现报名的人不多，环境又很简陋，纷纷选择离开。后来他做了一个登记表，伪造了报名的学生名单，这时很多家长看到那么多人报名后，也纷纷跟风。但是毫无疑问，他的英语培训水平非常高，帮助了很多人，让很多人真正受了益，他也赚到了钱。这就是一种成功的商业布局，因为俞敏洪确实帮助了很多人。

老子有个思想叫作阴阳结合，有阴必有阳。这种思想放在商业上，放在为人处事上也适用。一旦我们过分注重某一方面，却忽视了另一方面，就很难成功。比如很多人踏实又努力，却没有什么成就，很大程度上因为他们不懂得包装自己，缺乏被赏识的机会。还有很多吹嘘自己很厉害的人也没有取得很大的成就，因为他们缺乏实干，阴阳缺一不可。所以我们既要踏踏实实做产品，踏踏实实做人，也要掌握这些人性策略，懂得包装自己，学会阴阳结合。

↻ 高段位的人懂得示弱

人性是多疑的，对于那些太过完美的东西，我们总是保持戒备、怀疑的心理。而对于那些随时都能看到缺点的事物，我们却在无形中放下了心中的防备。很多高段位的人恰恰懂得这一点，他们越是厉害，反而越懂得示弱。我们先来看几个案例。

有一个记者朋友给我分享过一件特别有意思的事情。他的同事负责去采访一个大人物，当时这个大人物被曝光了一件丑闻。去之前，同事设想了各种针锋相对的场面，并准备了很多难应付的问题用来揭露事件的真相。正当他要发问的时候，大人物笑了笑说："我时间很充足，这样吧，我们坐下来慢慢聊。"一句话让同事把准备的问题压了下去，只能先坐了下来。

接着，大人物拿起桌前的咖啡喝了一口，可又慌忙起身吐到了垃圾桶里，嘴里大叫着"好烫"，咖啡杯也差点被打破。等这些都收拾好，大人物又拿起了桌边的香烟抽了起来，这时候同事说道："你好，请不要吸烟。"本来他只是提醒一下，没想到大人物一慌，不小心把烟灰缸打翻了。同事本来想好好攻击这个大人物一番，但发生这一系列事情，他对这个大人物的看法开始改观了，反倒看到了这个威风凛凛的大人物的另一面，觉得他跟普通人也没什么不一样，试图挑衅一下的想法消失了，反而觉得他很亲近。

这个大人物的待人接物是很有策略和智慧的，他通过故意暴露自己的丑态，来化解对方持有的紧张感和攻击性，让对方从心理上先接受自己。

当年，秦始皇为了平定六国，特地命大将军王翦统帅60万大军讨伐。但是大家都知道，秦始皇疑心非常重，他把兵符交给王翦后，就开始寻思："我这60万大军都给他，他会不会中途造反，反过来攻打我呢？"另外，王翦不仅武艺高，军事才能优秀，而且没有什么弱点。这让秦始皇更是后怕起来，瞬间杀机已动。

不过这个王翦也早就了解秦始皇的性格，知道他会猜疑自己，于是大军开拔后，每走50里地，他就故意让人传信给秦始皇，向他索要珠宝、美人和封地。王翦手下的将领很不理解，担心他寸功未立就要封赏，陛下会怪罪于他。结果秦始皇看完奏章，果然很放心：看来王翦也并非完人，这种贪财好色的人是造不了反的，于是便打消了杀他的念头。

这就是故意暴露缺点的策略。每个人都有防人之心，对于看不透的人，我们都会习惯性防卫，只有对于那些浑身是缺点的人，我们才会敞开心怀。也就是说，一个人只要有弱点就不可怕，因为有弱点就有突破口，很容易被人掌控。最难控制的，是无欲无求的人。

所以说，在为人处世中，有策略地包装自己、示弱，是非常必要的。接下来，我们从三个方面来分析其背后所隐藏的人性。

第一，人们对聪明人有戒心，但对于那些缺点随处可见的人，却毫无防备。中国有句俗语，叫作"扮猪吃老虎"，其实这背后本身就隐藏着人性的玄机。如果一个人在没有能力之前就表现出野心勃勃、虎视眈眈，那很显然，他会在没有成气候之前就成为众矢之的，被其他人早早干掉，因为大家都会视他为威胁。

我们会发现，在职场里傻头傻脑、不争抢功劳、毫无野心的人，最后反而获得了升职。为什么呢？就是因为这类人懂得"装傻"，人们都会对聪明人保持着十分的警惕，把他们视为敌手，并投入100%的注意力，但是没有人会注意一个傻头傻脑、埋头苦干的人，更不会料到有一天他会跟自己争高低。

我在看电视剧《天道》的时候，对这一点的体会尤其深刻。当时韩楚风被老总裁看重，让他接手自己的位置。但是公司还有两个副总裁，韩楚风根本难以上位，也不会有人支持他。所以他就找丁元英支招，丁元英的建议是：你要不争而争，先退出舞台，扮猪吃虎，让两个副总裁争来斗去，你只需要干实事就好。这样大家自然就能看清楚应该如何站队了。这真的是大智慧，如果一开始韩楚风不知道退居幕后，处处示弱，那只会让两位副总裁先联合起来对付自己。

第二，缺点也是把柄，人都有一种错觉，以为发现别人的缺点就等于抓住了对方的把柄，内心就会获得虚假的"安全感"。我们都需要控制感，控制代表安全，代表对方对我们是没有威胁的，这样才会对他放下戒备，心里踏实。那么这种控制感如何获得呢？掌控对方更多的信息，特别是发现他的缺点和把柄，就可以增加我们的控制感。就像秦始皇了解到王翦贪财又好色，就不再担心他会造反，因为可以用钱财搞定他。这就是一种控制错觉。

我们在前文讲把柄策略的时候也提到过，有时候我们要主动把自己的把柄交到领导手里，让他对我们放心，安心提拔我们，不把我们视为威胁。这里的上交把柄和暴露缺点，其实是一样的道理，就是让领导觉得能够轻松地把控我们。

第三，人们更喜欢和不如自己的人在一块儿，以满足自己的"心理优越感"。从进化心理学的视角来看，身体更强代表有更强的繁衍优势，更容易吸引异性。随着社会的发展，这种需求就变成渴望获得心理上的优越感。人是喜欢攀比的，都喜欢自己比别人更强。所以主动暴露缺点，更容易和别人建立关系。

你会发现，一个帅气的男孩恰恰喜欢与满脸青春痘的朋友相处，一个漂亮的姑娘往往喜欢活跃在普通女孩群体里。这都是因为，与不如自己的人相处，能够凸显自己的优越感，从而获得心理上的满足。好为人师其实也是这个原因，想让别人对你放下戒心，让别人乐意教你，帮助你，那么不妨"装"傻一点，多暴露一些缺点，引导他们通过你来收获心理满足感。

所以，看到这里，你应该明白，那些看似不注意掩盖缺点的人，有可能正是刻意为之，主动装傻的背后，都藏着大智慧。

想成功，就要知进退

一个人想要实现真正的成长，不在于他听过多少道理，而在于他有没有真正把这些道理研究透彻。对于怎样才能够成功，《易经》里早就讲得很清楚，这个过程包括六个阶段。

↻ 第一阶段：潜龙勿用

潜龙勿用的意思是，在你没有足够的实力、时机不成熟的时候，不要轻易崭露锋芒，要学会韬光养晦，隐藏自己的野心和志向。我们在职场中常常发现一种人，他们能力很强，却得不到上司的重用，甚至总是被打压。很大一部分原因是他们太不懂得隐藏自己，太喜欢抛头露面，过早将自己的野心暴露在领导面前，领导会觉得他们有取而代之的想法或野心，因此选择先下手为强。"枪打出头鸟"是很有道理的。

三国中的刘备完美诠释了潜龙勿用。他四处给人打工，投奔袁绍，投奔曹操，曹操通过青梅煮酒试探他，结果一打雷，他故意把筷子扔到地上。就因为这样，大家都没有对他下手，他才有了后来跟其他英雄争霸的资本。另外，曹操挟天子以令诸侯，他却没有要求天子直接让位于他。这就是因为时机不成熟，如果贸然称帝，天下群雄必然要群起而攻之，那他就会置自己于不利的位置，而自己的实力又不足以应对这一切，所以他到死都没称帝。

♻ 第二阶段：见龙在田

等到我们积蓄了足够的能量，就进入到第二阶段——见龙在田，也就是开始找时机显露头角。《和珅传》这本书讲述了和珅是如何一步步走到一人之下万人之上的位置的。和珅很清楚，想在人才济济、竞争激烈的朝堂中占据一席之地，就要有别人没有的才能，起到无可替代的作用。

当时乾隆一朝与藏、蒙关系密切，经常有书信往来，可是满朝文武很少有人懂这两种文字，于是和珅就努力研修，精通了汉、满、蒙、藏四种文字。他总是在紧要关头挺身而出，令人刮目相看。特别是乾隆七十寿诞的时候，西藏方面呈来一份文书，可是内容是用藏文写的，朝臣都不认识，乾隆马上就意识到和珅的重要性，立即召来和珅解读。事后，他更是对和珅赞誉有加，紧接着把蒙、藏事务及其他一些事务都交给和珅负责。

所以，机会非常重要。再说刘备，他当时的实力很弱，兵将很少，但依然去帮徐州、孔融。当时很多人就劝他不要去，去就是送死。刘备之所以去，因为这是一个难得的机会，他一方面可以获得声誉和更多人的支持，另一方面就是赢得信任。再后来，他计划去益州帮刘璋，刘璋二话不说就答应了，结果刘备一到就变卦了，直接取而代之，控制了四川，这才有了后续的三国鼎立。

诸葛亮在分析了天下大势后，放话出来："卧龙凤雏，得之可得天下。"这也是指有了足够的实力之后，开始创造机会，寻找契机出现在大众视野里。

第三阶段：终日乾乾

这个阶段的意思是说，一个人一旦显露头角，做出一些成绩，就要时刻保持警惕。这其中有两个深层玄机。

第一是从自我的层次来看，很多人为什么不能持续成功，就是因为稍微做出点成绩后，就失去了对自己的清醒认知，骄傲自大、得意扬扬，从而放松警惕，这时祸患其实也就不远了。

我一个朋友能力很强，进入公司后因为表现优秀，所以升职很快，没多久就成了公司最年轻的总经理，上层领导都很倚重他，可是他的职业历程太顺利了，加上周围人对他的迎合，就导致他慢慢地看不清自己了，开始变得骄傲自大，甚至觉得公司这两年发展迅速都是他的功劳，就连公开会议上都敢直言顶撞领导，搞得领导下不来台，私下里对他颇有微词。他以为没事，可是公司转身就打着"学习培养"的旗号把他外调了。

第二是站在他人的层次来看，你的优秀除了会让别人显得更无能外，还会在无形中触及别人的利益，会被别人视为威胁。李斯和韩非子本是同门师兄弟，都是荀子的学生，可是为什么李斯最终害死了韩非子呢？就是因为韩非子在秦国表现太过优秀，得到了嬴政更多的赏识，这就威胁到了李斯的利益。白起和范雎都是秦国的大臣，为秦国的壮大做出了巨大贡献，但是为什么最后范雎要进言秦王，暗示他杀了白起？很大程度上就是因为白起的影响力太大了，威胁到了范雎的位置，范雎担心此后自己在朝堂上没有一席之地。

所以，越是处在这个阶段，我们越是要时刻小心谨慎，一方面继续提升自己的能力，沉淀自己，使自己具备更多的优势；另一方面要懂得防备他人，时时审视自己，对自己保持一个清醒的认知，时刻检讨自己的言行，不要轻易得罪他人，也不要轻易给人可乘之机。

◯ 第四阶段：或跃在渊

这一阶段的重点是审时度势，知进退，敢于抓住机会，在努力和拼搏中跨越阻碍，将人生推向最高处。这里的核心是"或"，就是当下缺乏安定而进退未定，所以你要做的是把握最有利的时机，然后去选择进或退，这样便不会有什么危险。这里的"或"在我看来其实就是一种主动性的说明，就是你根据当下的实际情况去选择如何做，做什么。

从0到1很难，但是从1到100就很简单，这时候要做的是审时度势，抓住机会，用心复制和放大。所谓复制，以肯德基为例，如果在一个城市做得很成功，那么只需要将这种模式开到全国、全世界就可以。所谓放大，以腾讯为例，不仅在游戏方面独领风骚，还在社交、金融、短视频等领域占据一席之地。

我有个朋友最开始靠写作赚钱，做了几年积攒了很多经验，并且成了领域的头部，但她并没有就此"躺平"，趁着写作副业的风口，又跟人合作做写作培训，快速招收了很多学员，把这些流量引入了自己的私域当中，实现了自身价值的最大化变现。这几年短视频风口来了，她又赶紧在各大视频平台布局短视频，取得效果后，又快速复制以前的模式，教大家如何用短视频创业。现在她有了自己的公司，签了四五本书，把自己的人生推向了巅峰。她为什么能从一个普通人逆袭？很大程度上就是善于审时度势，对机会保持敏感，对自己人生的进退保持着足够的主动权。

我们每个人基本都会经历这样的状态，或许现在处于上升期，但是周围可能又伴有各种危险，这个时候是干脆放弃，掉进深渊，还是看清形势，跨过障碍，一飞冲天呢？我建议你们能自强不息，奋力向上，不过此时要具备一定的危机意识，对风险有适度的管控，然后抓住机会，将自己的人生推向一个新高度。

↻ 第五阶段：飞龙在天

　　这个阶段是结果展现，指的是一个人通过持续的努力，最终抓住机会，苦尽甘来，事业一飞冲天。能够一飞冲天当然是很多人向往的事，不过我希望你也能把目光拉远一点，看到它所带来的警示。飞龙在天，就像早上太阳从海平面升起，沿着远山慢慢往上爬，到中午的时候差不多就到了最高处，阳光也极盛，我们也称为如日中天。可是如日中天之后，离日落西山也不远了。

　　这就是自然之道，是天道，是我们人力所不可控的。那么对于我们人来说，其实也是如此，乐极生悲，否极泰来，一切都是一个不断变化的过程，任何事到了极点，就会开始向另一个极点发展。比如我们拼尽全力地对另一个人好，好到不能再好了，就像中午的太阳一样，那么接下来会发生什么事呢？别人看来，我们的好只会一天不如一天，慢慢变淡了。比如一对如胶似漆的情侣，刚开始好得不得了，可接下来就慢慢变得无话可说，最终疏远了。君子之交淡如水，小人之交甘若醴，其实也是这个意思，情深不寿，平平淡淡才能长久。

　　不过这里的一个关键点是，天道，我们无法改变，但是人道，我们可以加以利用，就像太阳只要升起，就必然要升到最高处。但是在人生路上，我们可以在还没有到达最高处的时候，走得慢一点，尽量让自己待在飞龙的位置上久一点。

❻ 第六阶段：亢龙有悔

这一阶段说的道理是：人要懂得进退，才能明哲保身。我们用力往空中抛一个球，会出现球刚开始越来越高，可是到达最高点之后开始往下落。人生也是如此，当我们的人生达到巅峰后，就会开始慢慢衰落。这时候，我们就要懂得进退，接受这种必然结果。

韩信从一个无名小卒到立下不世之功，走向人生巅峰，可是为什么他的最终结局那么悲惨呢？就是因为他功高震主，不懂进退，不知道急流勇退。反观萧何就比较聪明，他和韩信一样为刘邦立下了汗马功劳，但懂得亢龙有悔。当时刘邦封他为相国，他在民众中也有着很好的名声，甚至连刘邦都有些嫉妒他。他故意压榨和剥削百姓，激怒百姓去告状，以此向刘邦表明自己没有野心。他还把自己的家人全部迁到皇城脚下，把全部身家性命交给刘邦掌控，这样让刘邦对自己完全放心。

还有一个传奇人物范蠡，他帮助越王勾践灭了吴国之后，就告老还乡隐退了。当时勾践极力挽留，甚至还威胁要杀掉他。但是范蠡并没有动摇，因为他知道"高鸟已散，良弓将藏，狡兔一死，良犬就烹"，越王为人可共患难，不可共富贵。后来范蠡辗转来到齐国做生意，很快积累了数千万家产，他仗义疏财，把财产全部分给乡邻。他知道自己所有的财富都来源于社会，所以取之社会，还之社会。正是这种智慧，才有了三次仗义疏财，三次积累千金的典故，他被后世称为财神爷。

一个人想要成功，必须经历这六个阶段，只有在相应的阶段做相应的事情，才有更大的概率取得成功，并且做到功成身退。

想赚钱，先让自己值钱

为什么很多人明明很努力，却赚不到钱呢？其实，赚钱是某种程度上的认知变现，我们赚不到认知以外的钱。想要赚钱，我们首先要搞清楚赚钱的本质和维度。什么是钱？钱无非就是一种货币、一种价值衡量单位，是为方便人与人之间的交易而流通的工具。钱本身并不神秘，我们需要关注的是钱背后的交易逻辑，也就是别人为什么愿意为你的某种价值支付费用。

○ 重新理解"金钱"这件事

小时候我们都听过周扒皮半夜学鸡叫的故事。从前有一个周姓地主，每天天还不亮，他就学鸡叫，催长工起床下地干活，帮自己赚钱。只要听过这个故事的人，都会觉得地主太坏了，贫穷老百姓是好人。因此，很多人的潜意识里就会倾向于认为有钱人都更坏，而老百姓多半更善良。甚至于我们的老一辈经常会给孩子传达"有钱能使鬼推磨""人有钱后容易忘本"这样的理念，很多人觉得金钱并不是什么好东西。

当我们在内心深处对金钱有评判时，我们向着金钱的行为就会受到影响，努力赚取金钱的动力也会不足。要知道，钱本身是没有好坏之分的，很多时候，它是我们实现人生抱负、过上幸福生活的一个很好的工具。

很多人会觉得谈钱伤感情，那是因为没有在金钱利益与感情之间做好权衡，对两者的关系缺乏清醒的认知。伤害感情的，从来不是金钱，而是双方的利益没有得到平衡和满足。如果你跟熟人做生意，你觉得他理应给你一些折扣和优惠，因为你们关系很好、交情很深，而对方却公事公办，没有因为交情而改变做生意的规则，这时候，你的期望落空了，你会很受伤。

所以交易的本质是价值的交换，钱的背后不过是不同形态的价值而已。接下来我们详细展开讲述不同形态的价值都有哪些。

⟳ 信息差

简单说就是，某一样东西我知道了，但是你不知道，那我就可以利用这个信息差赚钱。

大部分生意的本质都遵循这个逻辑，卖家有一手货物，买家必须从卖家这里购买，成交价减去成本价就是卖家所得利润。关于同行间的竞争，只要其中一方能够掌握更多的信息，比如更低价格的进货渠道、质量更好的产品，其实他们本质上就赢了一半。再比如网上倒卖学习资料的店铺，虽然现在网络资源很容易获取，但很多店铺依然能把一份资料卖到两三千元，这也是赚信息差的钱。

这给我们的启示是：永远不要高估一件事的普及程度，即使是我们认为习以为常的事，依然有很多人是不知道的。反之，我们不知道的事，也总有一批人是通晓的。只要掌握一定的方法，就可以让这一批人为知识买单，这也是近年来知识付费流行的原因。

↻ 认知差

如果我们的认知层级比别人高，就能更早地看到更多的机会，在做决策的时候也能够看得全面，那么就有更大概率赚到钱。很多人赚不到钱，并不是不够努力，而是认知水平受限，因而看不到更多的机会。

微商火的时候，很多人挤破脑袋去做代理，可是认知层级更高的人开始做微商培训。抖音刚流行的时候，很多人都是用来消遣时间，但是就有一群人抓住了这个机会经营自己的账号，结果成功变现。很多人尝到甜头后，也跟风做抖音了，这时做抖音培训的又大赚了一笔。所以，认知层级高的人，往往更能看到和把握住机会。

◌ 专业度

我们更愿意向权威、专业付费。比如今天身体不太舒服，那我们的第一选择肯定是去医院。医生为我们诊断完毕后，我们也会毫不犹豫地掏钱。再举个例子，比如你今天要做头发，家门口有两家美发店，一家是私人开的小店，一家是运营多年的连锁店，那你大概率会选择第二家。以我为例，我要装修房子，就必须找专业的装修公司，而不可能为了省钱自己上手。这个过程，就是赚专业度的钱。

◌ 附属属性比拼

当大家都具备某种优势的时候，它就不再是优势，而是标配，这个时候需要比拼的就是其他附属属性。比如大家都知道运营抖音是个机会，但大部分人并不能成功，为什么呢？因为执行力不同，有些人能坚持每天更新作品，而有些人什么时候想起来就什么时候更新。长此以往，差距自然就出来了。再比如两家味道都很不错的饭店，谁家的服务更好，谁家就能胜出。

我们简单论述了赚钱的四个维度，除此之外还要具备三个核心思想。

○ 后端思维

我们要放弃过分追求短期利益，而是能够通过后端赚钱。为什么很多人赚不到钱？就是因为他们太关心赚钱这个事实，结果只注意前端利益，而忘记了后端思维。真正的高手都不过分看重前端利益，甚至在前端敢于让利，敢于不赚钱，敢于倒贴钱，这样就创造了和客户接触的机会。就像钓鱼一样，首先要给鱼饵，把鱼大规模地圈进来。做生意也需要先把客户圈进来，然后再培养信任，并通过后端的产品来实现盈利。

前端赚人，中端培养信任，后端赚钱。未来的生意是左手抓流量，右手抓变现。流量的本质就是给予顾客超出预期的好处，让他有"眼前一亮"的体验，先吸引，再培养信任，最后盈利。我们一定要明白，想赚钱，只盯着钱是赚不到钱的，钱是你帮别人解决问题后的回报。你卖的不是产品，是梦想，是解决方案。我写的也不是书籍，而是通过文字帮助大家解决事业和生活中遇到的问题。所以要认真想想自己能帮别人解决什么问题，然后去释放价值，去圈人，这永远是赚钱的第一步。

○ 实事求是，打破主观幻想

我有个朋友在一家私企做高管，经过奋斗多年，他好不容易攒了一笔钱，决定辞职去创业。由于个人喜欢喝茶，对茶文化有一定研究，便准备做茶叶生意。他开茶厂，种植茶树，研发新产品，包装打造品牌，最终投入市场。我喝过这种茶叶，确实不错，他也以为会大卖，可是投入市场后发现根本没人买，完全卖不出去。可是茶厂需要继续注入资金，最终没办法只能倒闭。

这就是教训，创业千万不能掉入自以为是的陷阱，认为只要自己觉得产品好，创业一定能成功，这是非常危险的。每一个新产品的出现，都需要接受市场的检验，都需要投入大量的教育成本，没那么简单就能成功。

要先找客户

很多人都有这样一个误区：他们在做一项事业之前，先租厂房、门店，招员工，做产品，最后发现什么都有了，唯独没有客户。正确的做法应该是先要找客户。只要有大量客户，这就是筹码，就会有很多商家主动和你合作。记住，把市场做大，把成本做小，把客户做多，把员工做少，你就成功了。只要你能把产品卖出去，别人的工厂就是你的工厂，别人的门店就是你的门店。

第八章

清醒做人：永远不要挑战人性

指点可以，但别蹬鼻子上脸

在生活中，有没有人常常对你的生活指手画脚，干预你的决策？比如在毕业的时候，他们往往打着为你好的名义，坚持让你选择他们觉得好的工作，丝毫不考虑你的兴趣爱好。面对他们的这种做法，你虽然内心很抗拒，但是又无计可施，最终当痛苦累积到一定程度的时候，你忍无可忍，和他们爆发了激烈的冲突。那么这一节，我将为你揭秘别人干预你生活的本质原因，并教你应对的方法。

○ 投射性认同：将自己的意志强加给别人

现实生活中确实有控制欲比较强的人，他们总是试图操纵别人按照自己的意图行事，这背后的心理机制就是投射性认同。投射性认同是诱导他人以限定的方式做出反应，即将自己的意愿投射到别人身上，并希望对方能按照自己期待的方式对待自己。

心理学者武志红将投射性认同称为"自恋幻觉的 ABC"，并用一个公式很好地诠释了这种思维：我先向你付出 A（我认为很好的东西），并渴望着你表现出我想要的 B，如果说你没有表现出 B，我就会用一系列行为 C 逼迫你如此表现。因此，投射性认同包含着"你必须如此，否则……"的威胁性信息。

比如你小时候主动替妈妈洗碗（A），渴望得到妈妈的赞赏和更多的关注（B），可是妈妈并没有如你期待的那样，你就会生气、怨恨、闹脾气（C）。也就是说，你自以为读懂了妈妈的需要，主动为她付出，所以妈妈也应该读懂你的需要，回馈你关注和爱，但这只是一种主观式的臆想，是一种自恋幻觉。因为别人未必懂得你需要什么，你试图通过一些手段迫使对方按照你的意愿来，可是没有人希望做一个傀儡。

很多父母对孩子常使用的逻辑是：我对你这么好（A），你就必须听我的，我让你做什么你就做什么（B），否则你就不是好孩子（C）。

我有个朋友，妈妈对他疼爱不已，他和父母的关系也一直很融洽，他向妈妈承诺，如果谈恋爱了一定会先告诉她。一开始，他的确是这样做的，但有一段关系，他一直瞒着妈妈，直到妈妈发现后才不得已坦白。妈妈果然不同意儿子和那个女孩来往，儿子虽然嘴上答应，但仍然偷偷和那个女孩交往。妈妈向儿子发出最后通牒：如果儿子不和这个女孩断绝关系，就断绝母子关系。

人类的原始驱动是做自己，没有人愿意一直被别人支配，活在别人的意志里。那么，面对别人的干预，你要如何捍卫自己的选择？

↻ 第一步，觉察冲突背后的真实需求

你的生活中之所以充满冲突，很多时候并不是因为目的不一致，而是彼此关注的需求不同。比如你想通过节食减肥，但妈妈担心你的身体，她更建议你通过运动减肥。结果你和妈妈产生了巨大的冲突，都坚持自己是对的，这只是行为层面的冲突。

接下来，你们愈吵愈烈，你开始反感妈妈的唠叨，讨厌妈妈的控制欲，这时候冲突升级为情绪冲突。我们都了解，情绪的本质是一种自我保护机制，是为了维护自己的安全感而选择伤害对方。所以当你们陷入情绪冲突中，就会忽视一开始要解决的问题，而只是想要成为正确的一方。

正确的做法是回归到问题本身，看到彼此的需求。还是以减肥为例，你们的目标是在保持健康的前提下变得更瘦一些，那么可以共同寻找一种减肥方式，既不会过度节食，也不用大量运动，练瑜伽或许是一个不错的选择。只要能够满足彼此的需求，冲突就能得到有效解决。

↻ 第二步，给对方制造虚假控制感，不让对方因失控而缺乏安全感

人们终其一生追求的，往往是确定感。这可以追溯到我们祖先生活的那个时代，当时的环境恶劣，危险遍布，也许他们正在路上走着，丛林里就突然跳出来一头满嘴獠牙的野兽。祖先们的

生活每时每刻都充满了各种不确定，所以从那时起他们就形成了一种心理倾向：追寻确定感，因为不确定意味着危险，意味着不可控制，这会让祖先极度缺乏安全感，表现到情绪层次就是巨大的恐惧。

为了消除这种恐惧，我们会做很多事，有些人通过控制别人获得些许的控制感。也就是说，当他们无法控制现实的时候，就选择通过控制别人来缓解自己对失控的恐惧。当然，这一点也可以从心理学的层次来做探讨，心理学指出，很多人之所以自我界限不清，是因为可以从中获得一个好处，就是可以控制他人。当然，这种控制感也是想象的、虚假的。需要控制感的原因是，自我界限不清的人往往都不自信，他不能肯定别人会对他好，所以需要控制他人的态度，这样可以让自己更有信心。

当控制方实施控制的时候，往往会出现两种局面：受控方完全不抵抗，那么控制方更会乐此不疲，继续控制。如果受控方选择抵抗，而且力量与控制方相差悬殊的话，很多时候并不会减弱控制方的控制心理，他反而会体会到失控的感觉。为了缓解这种不适，他会变本加厉。所以面对别人的干扰和控制，马上反抗往往不是最好的应对方式。

所以，我们要建立一种虚假控制感。举个例子，爸爸想要提高儿子的数学成绩，于是买了很多数学练习册，计划让儿子每天做一页。儿子对此非常反感，经常跟爸爸对着干，不愿意做题。后来爸爸改变了套路，让儿子自己决定每天做哪一页。这时候儿子的反抗心理就消失了，他觉得是在掌控做题的内容，他的愉悦性和配合度得到显著提升。这就是制造虚假控制感的过程。

再比如，妻子常常抱怨丈夫分配给家庭的时间太少，丈夫听到抱怨往往也会反驳自己那么辛苦都是为了赚钱养活这个家。那么如何转换思维呢？丈夫可以这样说："确实是这样的，我也意识到最近工作太忙了，你能不能帮我想想是哪里出了问题，是工作方式还是时间管理？"这时候妻子往往会缓和情绪，和丈夫一起想办法平衡工作和家庭的时间。

在职场也是一样的，领导为什么敢于重用你，就是因为他觉得能掌控你。有些时候，我们可以主动暴露一些对自己威胁不大的把柄给领导，这样领导就会有虚假控制感，才敢大胆提拔、重用你。刘邦打下天下后，萧何就把全家人迁到了都城，这就相当于把全家人的生死交到刘邦的手上，刘邦因此才对萧何放下了戒备之心。

○ 第三步，制造干扰成本

很多时候，有些人之所以习惯于批评、否定、干扰我们的生活，就是因为他们不用为此承担成本，还能满足自己的控制欲。

基于这种思考，我们有两点可以做：不要在意自己的反驳成本，增加别人干预我们的隐性成本。

当别人肆无忌惮地干预你的生活时，不要只是忍耐和接受，不要担心反驳会有更大的损失。其实你的担忧往往并不会发生，只是你放大了反驳成本。你需要明白的一点是，尽管你们之间有非常重要的关系，但是只有你能为自己负责，你的选择权要握在自己手里。

怎样增加干预的隐性成本呢？我有个朋友叫小张，他为人热情，很好说话，大家有事都找他帮忙，他一开始也觉得这样可以与同事建立良好的关系，但时间久了就很烦恼。我教给他一个办法：以后别人再找你帮忙，你要增加成本。比如有人找你整理文件，你就让他帮你倒杯茶。久而久之，他们就会意识到找你帮忙是需要付出成本的。

很多青年到了适婚年龄，父母会逼着他们相亲，这时候你就可以试着增加父母干预的隐形成本。你可以说："我可以按照你们的想法去相亲，甚至跟你们比较满意的相亲对象结婚，但是既然是你们为我做的选择，那就要为此承担责任。如果未来我不幸福，你们打算怎么做？"很多父母也许会反思：婚姻大事还是子女自己做主的好。

◯ 第四步，人与人之间的相处需要界限感

界限不仅能明确我们自己的领地，也能警戒他人在交往中跟我们保持一定的分寸。作家蔡垒磊说过：划出界线就意味着你在自己的领地四周筑起了高墙，我们有时候也将其称为"原则"。高墙以外的公共区域是交流区，高墙以内的私人区域是警戒区。警戒区是不可侵犯的，一旦有人闯入，你就得端起自己的"枪"，告诉别人谁才是这里的主人。

在与人交往中，我们需要建立正确的反馈路径，教会别人把握适当的分寸，并明确知道我们的底线在哪儿。双方在交往初期、实力未明的时候，必然都是客客气气的，但彼此会进行一次又一次的试探，目的只有一个，那就是在尽量保证和平的前提下，替自己谋取更多的利益。

在试探的过程中，别人可能会触碰你的底线，如果这个时候你没有做出正确的反馈，比如适当展示攻击性，那么别人可能就会觉得你没有底线，是个好欺负的软柿子，"欺负"你都不需要承担成本。那么接下来，他就会变本加厉，比如提出更多无理的要求，把更多棘手的任务交给你。

所以，别人如何对待你，都是你教会的。你的一步步容忍、纵容，让他习惯了这样的行动路径。假如当他越界的时候，"欺负"你的时候，你每次都能够立刻回击，让他知道你的手段，那么他

就会知道这是你的底线，你这个人不好欺负，接下来他自然会调整自己的行为，并在后续交往中把握分寸。经营婚姻也是如此，有时候夫妻之间是有必要吵架的，因为吵起来，对方才知道哪里是你的底线，以后就能把握好交往的尺度，避免触碰底线，自然也就能减少冲突。

别抱怨别人欺负你，因为那是你允许的

你有没有抱怨过：为什么我的人生这么悲哀？为什么大家都欺负我、为难我？我到底做错了什么？如果你的答案是肯定的，那么我要告诉你一个很残酷的现实：身边人总是欺负你，很有可能是你自己造成的。在这里，我将分享两个概念：欺辱成本和交际界限。

当别人跟你相处久了，对你了解透彻后，知道即便欺负你，你也不敢反抗，更不会对他们造成什么损失，也就是说你的欺辱成本很低，所以才敢对你肆意妄为。就好像公共区域的一件工具，在没有旁观者的时候，你把它打破了，也不担心会承担什么后果。但是如果是博物馆里的文物，你很清楚地知道损坏它要承担巨额的修复成本，你就会小心翼翼，不敢妄动。

另外，别人和你相处的时候还会测试你的交际界限，也就是

你的底线和原则。如果你没有明确的界限，他们就会肆意妄为地进入到你的私人领土。想要改变任人宰割的局面，在行为层面，你就要学会拒绝。只要与人打交道，就很难避免总有人试图挑战我们的底线，提各种无理的要求，企图从我们这里获得更多的利益，这是我们无法掌控得了的。

♻ 当你不敢拒绝的时候，你在害怕什么

我们活在世界上，唯一能够掌控的是自己。虽然提不提要求是他们的事，但是能不能拒绝，如何拒绝，如何保护自己，却是我们能掌控的。那么，为什么面对别人过分的要求，你总是不懂得拒绝呢？有以下几个原因。

第一，很多人不敢拒绝的深层次原因是自我价值感很低。自我价值感来源于两个方面：一是我是否值得被爱，二是我是否能够胜任。如果你相信自己是值得无条件被爱的，自己是有胜任能力的，你基本上就拥有了一个健康的自我价值感。

那么低自我价值感都是如何形成的呢？这可能跟他们的原生家庭有关，有些父母总是羡慕别人家的孩子，不断地否定自己家的孩子，挑剔他的毛病，甚至威胁他："你不听话，再做不好，我们就不要你了。"这种长期的否定、打压和贬低会让孩子形成各种不健康、不合理的限制性信念，比如"我是不值得被爱

的""我是无能的"等。

那么一旦形成这种心态，孩子为了获得更多的关注和爱，他们只有讨好、顺从父母。一旦形成这样的应对模式，长大后还会把这种模式投射在与其他人的相处之中，也就是不懂得拒绝，宁愿委屈自己，也无法说"不"。

第二，缺乏拒绝的理由。他们潜意识中的限制性信念是：我拒绝你就要有合适的理由，否则我就不能拒绝你。每当面对别人的需求，当他们有能力帮忙，却又不想帮忙时，就要艰难地寻找或者编造各种理由，这个过程无疑比直接答应更折磨人。另外，我们的传统文化一直倡导的就是舍己为人，礼让他人，多为别人着想。一旦拒绝别人，不满足别人的要求，他们就会感觉内疚，仿佛自己是一个冷漠无情、不近人情、以自我为中心的加害者。

为了不让自己有这种感觉，很多人宁愿选择委屈自己也不敢拒绝别人。从阿德勒心理学中的课题分离的视角来看，即使因为你的拒绝，别人感到受伤，你也无需对对方的感受负责。既然对方对你有需求，那他就要承担被拒绝的可能，要为自己的需求负责。这是他的课题，不是你的。

↻ 开条件拒绝法

接下来我们看看社交高手都是如何拒绝的，他们懂得反客为主、变被动为主动的拒绝方式，也就是开条件拒绝法。

林先生有一个朋友刚转行做保险，为了拓展自己的业务，朋友就来到林先生家做客。两人简单聊了一会儿后，朋友就向林先生推销起保险。林先生并没有购买保险的需求，所以对方刚开始讲没多久，他就打断对话："今天你来这里看我，我心里很高兴，咱们就不谈这些工作上的事了，来，喝茶，这是我最近得到的好茶叶，快尝尝。"

朋友没办法，只得端起茶杯喝了一小口，这个时候林先生继续说："对了，你最近不是在忙孩子的学区房吗？这个事办得怎么样了？我挺关心的。"对方听完，只好聊起了新的话题，放下了推销保险的初衷。

林先生不好意思直接拒绝朋友，所以他通过先提三个要求来开条件，把话题的中心进行转移，让对方知难而退。首先是不谈工作的话题，其次是喝茶，最后是谈对方的事。这样，这个朋友反而陷入被动，他开始思考要不要接受不说保险的要求，要不要喝茶来堵住自己的嘴，要不要去聊学区房的话题。

最直接的开条件拒绝法是，你可以跟对方说："这个保险确实挺不错，而且是你在做，自己人我比较放心，只不过我最近买房手头很紧，我还想先找你借点钱周转一下呢，你看行不行？"你看，是不是情况直接反转了，卖保险的反而不好意思说这个话题了。

再举个例子，比如你现在负责公司的 A 项目，这个时候老板又打算把 B 项目交给你，那怎么办呢？直接拒绝肯定会给老板留下不好的印象，这个时候你就要学会开条件、提要求。你可以对老板说："好的，我可以接手 B 项目，不过这样可能会导致 A 项目延期，这不是我们想看到的。所以为了更好地把两个项目都做好，能不能再给我分配几个人，或者再给我们几天的时间？"

很多人的内心都有一个限制性信念：我不能对别人有要求。这点大错特错，别人能够麻烦你，向你提出请求，你当然也可以向别人开条件。就像别人请求你，你会付出成本一样，你反过来也提出要求，很多时候别人就会放弃压榨你。

当然，掌握开条件拒绝法之后，我们还要灵活使用。也就是说，这种方法让我们拥有更多的选择，可以根据实际情况选择不同的应对模式，而不是一以贯之。有时候，你就是要选择委屈一下自己，满足别人，不适合直接拒绝。

有时候，你则需要直接拒绝别人，甚至不需要理由，只要方式礼貌一点就可以。当然也有时候，你需要找到合适的借口，委婉地拒绝别人，这样能够保全你们双方的面子。还有一些情景，需要你反客为主，通过主动提要求，让别人放弃对你的无理要求。所以真正有效的应对方式是灵活，要根据不同情况选择合理的、正确的应对方式。

○ 想要不被欺负，你要有这三种思维

想要改变任人宰割的局面，除了行为层面要学会拒绝之外，我们在思维层面也要有所提升。

第一，藏好你的底牌，别那么容易让人看透。人与人的相处模式是通过对彼此不断地了解和试探而形成的，没有人会在不了解你的时候欺负你，他们也担心会付出代价。如果有人敢在你面前说出不尊重你的话，做出让你不舒服的行为，一定是因为你们相互博弈、试探而形成的结果。

换句话说，是你把对方培养成了一个敢对你肆无忌惮的人。也许在交往过程中，别人一步步试探你的底线时，你选择委曲求全，不敢捍卫自己的权益，最终对方看清了你的底牌，开始变本加厉直奔你的底线，最后形成了彼此之间的强弱关系。

第二，不要过于相信身边人，对他们有太高的道德期望。真正的敌人并不可怕，可怕的是曾经非常要好的朋友站到了你的对立面，而他手上几乎掌握着你大部分的底牌，知道你的死穴在哪里。害人之心不可有，防人之心不可无，真正伤你很深的人往往是身边人。所以，我们尽可能不要把自己的一切都告诉别人，也不要想着他们能永远跟自己维持感情，这其实只不过是一种主观性的道德期望。

第三，与任何人交往，都要划出界限，并且要时刻坚持自己的原则。人与人的交往需要界限感，只有了解别人的界线，你才能清楚地知道与别人保持怎样的分寸。同理，只有表明自己的界线，别人也才有与我们交往的尺度。划出界线就意味着在自己的领地四周筑起了高墙，我们有时候也将其称为"原则"。高墙以外的公共区域是交流区，高墙以内的私人区域是警戒区。

那交流区是怎么建立起来的呢？每个人都想获得比别人更大的话语权来建立交往优势，因此会在不知不觉中试探对方的界线，这个过程就是踩底线。这样做的目的只有一个：在尽量保证和平的前提下，替自己争取更多的利益。

当我们在试探的过程中，如果触碰到对方的警戒区，对方表示强烈抵触，那我们就会暂时退出来，并为彼此相处的范围画出一条警戒线。如果在试探的过程中，对方选择了委曲求全，那我们就会试探，直到找到对方不能容忍的点。这种行为被重复了多次之后，人与人之间的交流区就这样建立起来了。

明白这一点后，你就要有一个觉悟：如果别人欺负你，触碰你的底线，你一次都不要退缩，必须回击。你的反击不仅是维护自己的底线，更是要让他们看到你的态度，告诉他们你不是软柿子，未来再试图拿捏你的时候就会考虑后果。

我们要明白：关系的好坏很多时候不在于你如何对待别人，

而在于你是强还是弱。只有强者才能获得别人的尊重，你一再地忍让，在别人看来只是廉价的示好。所以遇事要忍，出手要狠。你在别人心中的地位是你一步一步博弈争取来的，而不是一味忍让换来的。想翻身，要学会先"翻脸"。

如何让你喜欢的人也喜欢你

你有没有喜欢的人？每个人都可能会在人生的某个节点喜欢上一个人，喜欢这种感觉说不清、道不明，好像无法用理性解释。情不知所起，一往而深，听上去好像挺浪漫的，但是，当我们从心理学的角度分析背后的本质逻辑时，会发现并不是这样的。

喜欢是指一种依恋行为系统形成的主观感觉，这是一种情绪感受。也就是说，你在与某人相处的过程中，对方可能恰好满足了你的某种情感需求，并形成了一种依恋系统，你就产生了一种"喜欢"的情绪。这种依恋系统基本上可以分为两种，第一种是安全感诱发系统，第二种是价值观投射依恋系统。

最早提出依恋理论的人叫约翰·鲍尔比，他是英国一位精神分析师，他提出的依恋理论是用来理解孩子和父母的关系的。根据一个人的焦虑程度和回避程度的强弱，一个人的依恋方式可以分为三种：安全型、回避型、焦虑型。他发现，哺乳动物的幼崽自身没有存活能力，而那些成功获得父母关注的幼崽则比较有机会获得照顾，最终存活下来。所以幼崽会通过哭泣、尖叫、纠缠等方式来拒绝和父母的分离，我们人类也是如此。

1987年，哈赞和谢弗第一次把婴儿与父母的依恋理论应用于成人的恋爱关系语境中研究，最终得出的结论就是成人的恋爱关系本质上也是一种依恋，而且婴儿时期的依恋类型和成人亲密关系中的依恋类型具有沿袭性。同时，更多的新研究正在证明，在成人亲密关系中，伴侣相互依恋的方式和"婴儿 – 父母"之间的依恋也高度类似。

简单说就是，依恋行为一开始其实更多发生在原生家庭里面，当很多人还是婴儿的时候，就已经出现依恋行为了。这个时候他们无法独立生存，需要身边的父母随时照顾自己，满足自己。一旦这些无法被满足，他们就会陷入恐慌、焦虑中。并且这些在童年形成的依恋行为，很大概率又会成为他们将来在人际关系中的表现模式，特别是对择偶产生影响。我们这节主要探讨在爱情里影响占比比较大的两种系统。

◌ 安全感诱发依恋系统

安全型依恋的人在还是婴儿的时候，他们饿了就有奶喝，哭了就有人照顾，父母能够及时给予回应。在父母离开的时候，他们虽然也会伤心，但是相信父母是不会抛弃他们的。具备这种依恋方式的婴儿在长大后拥有亲密关系时，会对另一半更有信心，在一段关系中有安全感，不会担心另一半会抛弃他们。

但焦虑型依恋的人就不一样了，他们可能从小就无法及时地得到父母的回应，所以内心总是缺乏安全感，害怕父母会随时抛弃自己。当父母离开的时候，他们会极度恐惧、害怕，他们因此并不相信自己值得被爱。一旦长期形成这种心理认知，一个人体内的皮质醇就会堆积，这反过来会引发其受挫、焦虑、恐慌的情绪。当这类人陷入亲密关系后，假如有个人能够过来关心他们、支持他们，这个人就会无形中被他们当作依恋系统中的被依恋方进行对象投射，最终形成了喜欢的感觉。

比如，小时候父母总是批评你、否定你、不关心你，你变得越来越自卑，缺乏安全感，活得很痛苦。这时候突然有一个人闯进了你的生活，他总是关心你、陪着你、和你聊天，你慢慢有了一些安全感，并对这个人产生依恋，开始越来越喜欢他。特别是如果你刚刚经历痛苦的事情，这时候刚好有一个人照顾你的话，你可能会放大这个人对你的好，更容易被追求到，原因也是安全感诱发系统在起作用。

价值观投射依恋系统

价值观投射依恋系统和安全感诱发系统则不同，它更多的是因为对方能给自己带来价值认可，从而形成了喜欢的感觉。美国研究自尊的最资深的心理学家纳撒尼尔·布兰登教授曾这样解释：就像我们看到的所有东西一样，我们希望"看到"自己也是真实存在在这个世界上的。这个"真实存在"的物质形式，我们很容易看到，只需要"照镜子"就好了。我们之所以那么喜欢看镜子中的自己，很重要的一个原因是：镜子可以让我们在意识层面感受到自己的客观存在。

但是有一部分的自己是我们无法直接"看到"的，这个部分就是我们的灵魂。我们的思想、价值观、信仰在某种程度上可以通过我们所取得的成就得到体现，比如我们画的一幅画或者设计的一栋建筑，但是我们的整个灵魂无法在这个世界中以实体的形式展现出来，这是让我们十分不安的事情。

我们的灵魂要怎么样才能像其他真实存在的物质一样被"看见"呢？就是通过另一个跟我们一样有意识存在的人。这个人如果能够"看见"我们的灵魂，并且通过与我们的互动，把他们眼中看见的灵魂反射给我们，我们就知道自己的灵魂也是像所有其他真实存在的物品一样，是可以被看见的了。换句话说，别人就像一面镜子，可以照到我们的灵魂。而我们需要这样的镜子，才能看到自己的灵魂，真实地存在于这个世界，就像我们照镜子的时候知道自己的身体是真实存在的一样。

如果别人看我们的眼光跟我们内心深处最真实的自己是一致的，并且他们通过我们的言行，表现出对我们的这种理解，我们就会有一种深深地被"看见"的感觉。正是这样的过程，导致了如果我们的灵魂真正地被一个人看见，我们就会爱上这个人。或者说，通过爱我们，让我们看到了自己。

可一旦如果别人并没有真实反馈我们的内在自我，甚至对真实的我们形成了错误的判断，我们可能就会因此迷失自我，看不清自己，甚至觉得自己的存在没有意义，不能被理解。这种现象产生的本质，在心理学中被定义为自我缺失，就是我们失去了对自己内在的认识，无法客观地评价自己，长期无法解决自我认同的问题，结果很大程度上就去盲目追求外部认同。

但是外部的认同未必客观，别人也可能无法完全理解我们。这必然会导致我们产生各种情绪，比如焦虑、痛苦、抑郁。为了避免这些体验，让自己好受一点，我们的大脑就开始拼命搜索那些能给自己带来价值认同的东西，因为认同感会刺激体内分泌多巴胺，这种激素会让我们感到满足。

深刻理解这两套依恋系统，也许你就会发现真爱或者喜欢，也许并没有那么神圣，它的本质可能只是一种对童年缺失的弥补，是为了满足自己的某些需求而找寻的心理慰藉而已。回到我们的主题：如何让你喜欢的人也喜欢你呢？当你能够给别人带来安全感，或者提供自我价值时，别人喜欢你的概率就会高很多。从生物学角度来说，一旦生命中出现了让自己有安全感和价值感的人，大脑就会分泌一种叫苯乙胺的激素，这种激素会刺激我们放大这个人的价值，并沉浸其中，这就是所谓的喜欢。具体怎么做呢？只要把握以下这三个核心点就可以了。

第一，制造情绪波动。

我们在喜欢一个人的时候，往往都会有心动的感觉，而感觉本质上就是一种情绪。各种情绪的聚集，就会催生出一段情感。那应该如何制造情绪波动呢？可以分为两个维度。

其一是外在环境诱发的情绪波动。比如可以带女友玩过山车、去鬼屋、看恐怖电影，这些都比简单的吃饭、逛街要好得多，因为这些活动会让我们的情绪跌宕起伏，身体也会释放大量激素，从而更快地触发这两套系统，并将这种感觉视为喜欢、爱情。

其二是通过打破对方的期待制造情绪波动。比如约会的时候，临时告诉对方有事无法赴约，在他大失所望时，却又突然出现在他面前，这样他的内心也会经历起伏变化。我们要记住，平静如水的情绪是最无趣的，只有起伏不定的感觉才会让人以为这就是爱。

第二，反射价值。

我们在前文已经说过了，当你能够提供自我价值，对别人的价值观进行弥补时，就可能让对方产生喜欢的感觉，可是到底该怎么提供价值呢？直接去告诉对方，这很显然太缺少说服力了，所以最好的方式是，利用社会环境反射你的价值。

两个人在交往中必然会有些紧张、缺乏安全感，为什么呢？因为彼此都不了解，也不清楚彼此的价值感水平，他们会参照外在的环境进行评估，也就是了解你是怎么跟别人相处的，周围的朋友都是怎样的人。基于此，我们可以借助外在环境来展现自己的价值，让对方自己得出答案，这样更有说服力。

你要展示自己绅士、礼貌、沉稳的一面，最好的方法并不是直接告诉对方，而是通过与其他人的交流来呈现。你要展示自己的优秀，只要身边的朋友都比较优秀，对方也会假定你也是优秀的人，这个过程就是借助身边的"镜子"将自己的价值反射出去。

那我们应该反射哪种价值呢？是金钱吗？其实，谈恋爱最重要的价值绝不是金钱，很多人认为只要有钱，就不缺异性朋友，那持这种观点的人需要反思的是：奔着钱和你谈恋爱，他喜欢的是你这个人还是你的钱呢？

其实，比金钱更充满诱惑力的价值是精致。有钱是一种绝对概念，而精致是一种相对概念。精致意味着更优质、更优雅，也更会享受生活。如果你变得精致，就要学会选择小的、花时间多的物品。

为什么要选择小的呢？从人类的进化史来看，我们的祖先所处的环境不仅恶劣，生存资料也非常匮乏，而且还要面对突如其来的危险，这时就需要做好随时逃跑、迁徙的准备，因此他们更愿意随身携带小而精致的东西。我们也会发现，相比2升的雪碧，就没有300毫升的依云精致；高档饭店里的每道菜特别贵，量却比较小，远比大排档精致得多。

为什么要选择花时间多的呢？其实也很容易理解。不管是生活还是工作，如果从不花心思、花时间，敷衍行事，那么必然毫无精致可言。只有真正重视自己的追求，不马虎，不随意，不将就，认真把手上的事做好，多读书，注重自己的谈吐，对自己有一定的要求，才会显得更加精致。

第三，修复安全感。

很多人的内心总是缺乏安全感、不自信、自我价值感低、自我质疑和批判、很少得到别人的认可。如果你有能力让情侣感觉到自己变得更好，更有价值感和存在的意义，情侣自然更愿意打开自己的心，并慢慢对你产生喜欢的感觉。那么怎样形成这样的感觉呢？其实最简单有效的方式就是表达欣赏。

首先，我们可以赞赏对方自我感觉良好的方面。其实，每个人都希望自己的闪光点能够被别人看到和认可，如果我们能用欣赏的眼光去审视别人，并且大方表达出来，别人的内心就会特别满足。比如妻子的厨艺很棒，做菜很讲究，那你可以尝试说："每天最幸福的事就是下班回到家吃你做的饭菜，我现在都吃不惯饭店的菜，有你是我的福气。"

其次，对对方渴望的、平时想要却得不到的方面进行赞美。不得不承认的是，我们总会在某些方面不如别人，但越是这样，内心越想得到这方面的认可。那么，我们可以及时觉察，用心去赞美，让对方感觉但你是真的懂他、欣赏他。比如，女生总是觉得自己有点胖，我们可以说："我觉得你一点都不胖，你现在的样子真的很好看。"男生觉得自己不善沟通，我们也可以尝试说："我跟你沟通时就觉得很舒服，很喜欢跟你在一块儿聊天。"

再次，通过欣赏对方的外在环境让其获得安全感。这和反射价值类似，只不过是通过承认对方的外在环境的价值，让其在无形之中找到安全感和价值观。比如，"我觉得你那几位朋友很棒""你今天的丝巾很洋气，刚好搭配你的衣服"。

看到这里，你没有对喜欢这件事有更深刻的认知？不要觉得爱应该自然而然地发生，不应该用策略，这是偏见。就像婚姻需要经营，生意需要策略，亲子之间需要沟通一样，喜欢一个人也可以多多运用心理学理论。

别让所有付出，只换回一句"你人真好"

你有没有遇到过这种情况：明明付出了很多，无条件地在帮助别人，但是到最后要么只是换来一句"你人真好"，要么就是对方不仅不领情，还觉得你很廉价？如果你经常这样，那说明你没有搞清楚付出和价值的逻辑关系，也没有搞清楚价值的核心本质。

很多人都存在这样一个误区，他们觉得想要跟他人处好关系，自己就要更多地付出，无条件去帮助对方，渴望以真心换得真心。这只是一种盲目性的主观期待，有这种想法的人仅仅是活在自己的主观世界里。他们看似很努力，却一直在自己的主观世界中努力，自然得不到想要的客观世界的结果。

人跟人的交往取决于什么呢？四个字——趋利避害。一个人如果在你身上看到利益或者潜在的利益，觉得你的价值很高，那么他就会主动向你靠拢。如果他在你身上看不到利益，觉得你的价值很低，跟你相处也不会带来潜在利益，那他就会觉得和你的交往是无效社交，会直接把你淘汰。这就是人与人交往的本质。

但是一个人的价值或潜在价值是无法瞬间判定的，即便我们跟一个人共处几天，也很难精准判断他的价值高低。所以我们应该以什么作为评估标准呢？这时就需要我们的潜意识出马，潜意识里有一套机制能够帮助我们判断一个人的价值高低，那就是得到的难易程度。

↻ 得不到的永远在骚动

你有没有听过这样一句话，人们更珍惜自己跋山涉水、历尽千辛万苦去见的人，反而对唾手可得的身边人并不珍惜。这句话道出了价值判断的核心——得到它的难易程度。一个东西、一件事，人们越是容易得到，越是觉得廉价，越不会去珍惜。反之，如果为了得到这个东西，需要历尽千辛万苦，付出很多精力与心血，那么得到后，人们就会倍加珍惜，觉得很有价值。

那么我们人类的潜意识为什么会形成这样一个价值判定标准呢？这是我们传统文化的熏陶造成的。我们相信，"吃得苦中苦，方为人上人""得不到的东西才是好东西""物以稀为贵"。所以生活在这种导向的传统文化下，我们逐渐形成一种信念：容易得到的东西都是廉价品，得不到的东西、很难得到的东西，才是好东西。

所以，如果你无条件为对方付出一切，那么只会让对方觉得你的付出是廉价的。因为得到你的付出的门槛很低，不需要花费成本。当你把自己的姿态放得很低时，你的付出也变得廉价了。

在恋爱当中，这点尤为明显。我们常把无条件付出、不计回报的一方称为"备胎"。他对暗恋的一方好吗？非常好，相当好，无条件去付出，对对方千依百顺，尽自己所能去满足对方的一切要求，把对方看得重于一切。这样把姿态低到尘埃里的人往往不会得到所爱之人的怜爱。

从心理层面来看，付出者的姿态太低了，付出太容易了，对受惠者来说，这样的付出是配不上高价值的自己的。付出者越是无条件去呵护受惠者，受惠的一方越是高估自己的价值，并朝着更难以追求到的人那边去努力。

所以，这就是我们潜意识对价值的衡量和界定。很多时候，我们不能直接去判断一个人、一个事物的价值，那么我们就会通过潜意识的这套机制去初步判定。尽管这个判定是非常主观的，但我们就是受到潜意识的支配。所以，如果你苦苦追求了一个男孩或女孩很多年，依然期望对方可以回过头来看见自己，爱上自己，那么你还是换个思路吧。

总结一下，潜意识对价值的判定方式会使我们对无条件的付出形成两种偏见。

第一，无底线的付出等于廉价品。我们的大脑会形成一个惯性思维：一个"高价值"的人是不会摇尾乞怜、百般讨好别人、不计成本付出的。所以一旦你这么做了，人们就会觉得你是"低价值"的人。要记住，无底线、无条件地付出非常不可取。从人性角度来看，在人际相处中，越是无条件地付出，越会拉低自身的价值。

第二，无条件地付出会让别人对自己产生刻板期待。别人会认为，你是一个好说话的、不会拒绝的、无私奉献的人。一旦你不能满足对方的这一期待，那么对方会产生强大落差，形成负面情绪，甚至让关系破裂。

♀ 当别人习惯你的付出，谁来体会你的难处

我有一个前同事，他非常朴实，也很单纯，属于典型的老好人。他特别热心帮助别人，久而久之，大家有什么琐事都找他帮忙，甚至后来公司的卫生、杂事，都成了他一个人的事。

刚开始时，大家对他的帮助都心怀感恩，每次都会说声谢谢。但时间久了，大家就觉得这些事情成了他理所应当要做的事，于是都心安理得地享受他的付出。有一次，他身体不舒服，所以没有及时打扫卫生，处理杂务。其中一个同事便跳出来指责他："你怎么回事，太不负责任了，办公室这么乱怎么不收拾啊。"他觉得特别委屈，于是找其他人诉苦，可大家要么安慰他明天再处理就好了，要么让他别把对方的话当回事。但没有人站出来主动承担这些工作，也没有人说："这本就不是他的工作。"因为大家在享受着他的付出，成为习惯了。

那么，是公司其他同事都太冷酷、太无情、太无理取闹了吗？并不是，是因为他的行为让别人对他产生了高期待。当有一天他没能达到大家对他的期待时，大家就会心生不悦，并将这种情绪宣泄出来，进而觉得他是不负责任的、令人失望的人。

还记得《人世间》中，周秉昆因为买房被骗，不得不搬回老房子去住，当时老房子正借住给国庆一家人。当听说秉昆需要收回房子，让他们搬走时，国庆的妻子吴倩开始大发雷霆，砸了秉昆带来的罐头，朝着孩子和丈夫大骂，并哭着要求秉昆："我们搬出去可以，你给国庆找个工作。"

很多人看到这个情节时唏嘘不已，秉昆借房子还借出仇来了？这其实就是人性。朋友们对为人和善的秉昆产生了高期待，免费住着他的房子并不觉得亏欠，当秉昆不再付出时，对方便产生了怨恨情绪。所以，为了避免自己的付出廉价化，我们要时刻牢记两个原则。

第一，让自己的行为多几分"求而不得"。

人，天性就对求而不得的东西感兴趣。你看到一件喜欢的衣服，很想把它买下来，可是这时卖家告诉你断货了，买不到了。这时，你更会对这件衣服念念不忘，喜欢程度高涨，甚至还会因为买不到而很难过。于是千方百计找各种方法，哪怕花更多的价钱也要把它搞到手。

很多卖家喜欢玩饥饿营销的套路。当新品上市后会限量发售，消费者不是只要有钱就能买到，而是需要预约，需要排队，这常常会造成非常好的销售效果，所有产品被一抢而空。

我们生活中，多多少少都有一些"求而不得"的因素，对人们而言，因为求而不得，所以更加想要拥有。

那么，为什么人们会对求而不得的东西特别关注呢？人类所有的行为都会指向一个终极目的，那就是提高自己的生存概率，因为人类的首要需求就是生存下去。所以，按照丛林法则，当一个人所拥有的资源比其他人更多时，就更能应对恶劣的生存环境和各种不确定性的风险，生存概率也就越大。因此，一旦面对求而不得、供不应求的东西时，人们就会方寸大乱，渴望自己能够抢先拥有。这是我们骨子里根深蒂固的生存焦虑所导致的。

第二，制造危机，让别人对自己的付出产生不安全感。

对于一种资源，当我们预期到不会失去时，其就会贬值。经常有人问我："为什么我明明为他付出这么多，他却把我的付出当成理所当然了？"其实很大程度上就是因为你一直付出，导致对方的大脑形成了一种惯性认知。他已经预估到，在接下来的很长一段时间里，你仍然会继续为他付出。

那么他一旦形成这样的安全感，他会怎么办？他就不再花费精力去守护你的付出，而把精力放在其他想要据为己有又求而不得的事物上。

为什么我们的大脑会倾向于这样做呢？正如前文所说，我们所有行为的终极指向只有一个，那就是生存。那么想要更好地生存，就要获得更多的资源。现在我们的大脑已经预估到你的付出是接下来还能得到的，有很大的概率仍然是属于我们的。所以大脑必然要主观性地把更多的注意力放在没有得到的东西上，把更多的精力用于其他资源。

所以你会发现，为什么办公室的老好人一直在为大家默默付出，帮大家整理文件、换桶装水、打扫卫生，可是到最后大家都不感恩，最多不过说一句"你人真好"？为什么两个人恋爱时你侬我侬，可结婚后过了几年却变成了彼此嫌弃呢？

这都源自上述原因。只不过很多人不明白，他们主观性地幻想着只要自己付出足够多，就能感动天感动地，可结果并不是这样！那么，日后我们该如何与人相处？以下内容给你提供参考。

↻ 为自己的付出设置获得的门槛

也就是说，别让自己的付出太过容易被人享受。前文已经讲过，我们的潜意识会通过获得的难易程度来判定一个人的付出价值度。所以，要想让别人高看自己的价值，那就不要那么容易让对方从自己这里心满意足。你可以主观性地设置一些障碍或者条件，增加对方获取的难度。

比如很多女孩子都非常善用"欲擒故纵"的把戏，就是这个逻辑：我对你挺满意的，挺喜欢你的，但我表面上表现得云淡风轻，并不把你当回事儿，不让你看到我内心真实的活动。在你追求我的过程中，我还要设置一些障碍或条件，让你觉得追求我并不是轻而易举的事。因为她们懂得，如果被轻而易举地追到，很容易不被珍惜。

当别人求你办事时，也是一样的逻辑。你在权衡完做这件事的难易程度后，可以这样回复："这个忙我可以帮，但是需要我花费点力气，调动一些人脉和资源。我尽力帮你。但是如果我帮不上，你也不要怪我。"

通过这样的回复，让对方看到你做这件事的不易，降低对你的期待。那么当你真能如愿帮上，对方会感激不已；当你确实没有帮上，对方也不至于太过失望。因为事前你已经给对方打了一剂预防针，让其降低了对你的期待，为你的付出设置了一些障碍和条件。

○ 学会麻烦对方，让对方为你们的关系付出

为什么要让对方也付出呢？就是因为只有对方投入了，他才会难以割舍，才会看重这段关系。如果说一段关系中只有一方在

付出，那这段关系就是非良性的，而且很容易破裂。因为没有付出的那一方在这段关系上没有花费心力、精力、金钱和时间，所以就不容易引起他的重视。一旦关系破裂，他不会有太多损失，自然也不会觉得惋惜。

反之，如果他对这段关系也投注了很多精力和时间，那么这段关系在他的心理上就会占据很多的能量。当关系破裂时，他会有丧失感。有两个心理学逻辑恰恰说明了其中的道理，一个是沉没成本效应，一个是逆向合理化效应。

1. 沉没成本

它是指已经发生的、已经产生的、不能由现在或者将来决策而改变的成本。经济学家斯蒂格利茨举了一个例子对此做了很好的说明：你花7美元去看一场电影，进入电影院后看了半个小时，你发现这部电影不好看，这钱花得不值。你想要离开，但是想到自己已经看了半个小时，浪费了7美元，所以最终你还是坚持把电影看完了，这就是沉没成本效应。

半个小时的时间和7美元，其实就是你的沉没成本。不管你当时是留下还是离开，这个成本都已经产生了，改变不了了。这种成本不仅仅体现在物质、金钱上，它还包括时间、感情、意志上的投入等。

这个效应对我们的影响是方方面面的。为什么呢？因为人们去做一件事的时候，会习惯性地先看一下自己之前有没有过投入。如果已经投入过，那么他们贸然放弃的话就会觉得不甘心，接下来的决策也会受到影响。

我有个朋友长得很漂亮，后来有个男人向她求婚，最终她嫁给了这个男人。结婚之后，她才发现这个男人的性格特别不好，脾气特别臭，还经常家暴她。被家暴几次之后，她就想着要结束这种生活，离开这个男人。可是事后，这个男人总是说两句好话就把她哄回去了，两个人就和好如初。很多人不理解："你为什么还要这样呢？你还想被他家暴吗？"

其实，这种现象是非常正常的，她为什么屡次被家暴，但是最终三两句好话又能哄得她回心转意呢？就是因为她已经在这个男人身上投入了太多，她把自己的青春都给了他，为他生儿育女，为这个家庭付出了太多，产生了太多的沉没成本。所以她觉得现在离开太不甘心、太亏了。这种心理导致她最终还是选择留在这个男人身边，并试图去改变他。

2. 逆向合理化效应

它是指通过合情合理的逻辑使自己情感和行动上的决定合理化某一个结果的过程。简单说，就是当自己目前的行为和先前一贯的认知产生分歧、不一致的时候，我们会产生强烈的不舒适感、不愉悦感。为了消除这种情绪，我们就需要给自己找个理由来调节这种情绪，进行自我说服，认为这一切都是合理的。

社会心理学中也这样解释：人会对自己的行为做合理化的解释，因为我们潜意识中认为自我价值永远是正确的。那么基于这个心理学效应，当一个人为我们付出了，他就要对自己的付出行为做出合理化的解释，比如"我之所以愿意为她做这些，可能是我真的喜欢她，她真的很有价值，要不然我才不会这样做"，最终他把自己说服了。

⟳ 设置界限，克服自己的"贪婪的人性"

为什么有人会出轨？为什么有人会对他人的付出视而不见？这就是因为他们被"贪婪的人性"给控制了，总是垂涎于那些求而不得的东西，而忽视了身边对自己付出的人，没有看到他们的价值。

所以，你要学会觉察并验证，当你对陌生的人、事、物开始"念念不忘"，甚至为其着迷的时候，就要意识到自己进入了这个状态中。接下来，你要把这种感觉当作一种提醒，提醒自己重新审视这些人、事、物的实际价值，看看自己是否因为没有拥有过，所以主观地放大了他们的价值，而忽视了已经拥有的一切。

这样，你就不会再轻易掉进"求而不得"的圈套里，能够把自己从情感的非理性状态中拉回来，真正意义上成为自己的主人。

第九章
清醒处世：成事不傲，败事不丧

你有多谦卑，就有多高贵

一个人能不能成事，除了和智商、情商有关系，还与他的思维有紧密的关系。如果他能够打开自己的思维，就能看到更多的机会，改变自己的行为方式，从而更快地接近成功。

最近很多人问我：一个普通人如何实现逆袭，变得更强？你最应该做的其实是学会一种思维——保持谦卑。保持谦卑包括三个维度。

↻ 不盲目自信

很多人之所以难以成事，是因为他们停止成长，导致思维滞后，被社会淘汰。停止成长源自盲目自信，觉得自己无所不能，什么都懂。一旦陷入这种状态，他们就会骄傲自大、沾沾自喜，没有继续学习和探索的动力。盲目自信的人做事情欠考虑，容易被好胜心所掌控，去做力所不能及的事。

我有个朋友在一个公司干了四五年，能力特别强，后来一路飙升到总经理的位置。这时候，阿谀奉承的人自然也就多了，这种话听得多了，他就真的觉得自己很厉害，甚至认为公司能有现在的成就，大部分都是他的功劳。有一次老板召开会议，他当场抨击老板，搞得老板下不来台。后来没多久，老板就把他开除了。这就是盲目自信而迷失了方向。常见的表现有两个。

首先，认不清自己的位置。比如，很多人是靠平台的扶持出道的，但是有一天做大做强之后就想着自立门户，结果被平台封杀了，自此一蹶不振。他们自以为是自己很厉害，其实真正厉害的是平台。包括很多在大公司工作的人，他外出见客户、谈生意，别人都给他几分面子，行业内的人也很尊重他。这时候，如果他认为这都是自己的能力，往往就会迷失方向，一旦从公司离职，就会发现这些曾经很敬重他的人，再也联系不上了。

其次，做自己不擅长的事。小说《天幕红尘》中讲了这样一个故事，罗家明在北京做生意，慢慢开始有了钱。他觉得自己很高明，就跑到莫斯科做石油开采的生意。可是他对这个行业缺乏基本的了解，对政治背景的认识也不够深刻，最终把生意做得血本无归，他选择了自杀。

所以，我们永远不要盲目自信，要知道，自己的成功除了努力之外，还有其他因素操控着，比如运气、背景、贵人等。很多股民偶尔在股市上赚到了钱，他们就觉得是自己比较厉害，找到了炒股的窍门，然后继续投入大量资金，这时候往往会被市场收割。赚到钱并非只是靠自己，还有市场因素在其中，你不懂得敬畏市场，肯定要被市场所打压。

↻ 找到合适赛道，在自己的能力圈内做事

我们刚刚了解到，如果一个人不懂得谦卑，那就会盲目自信，迷失方向，这样很容易去做自己不擅长、不了解的事情，最终失败。谦卑的人会对自己有深刻的认知，能精准地了解自己的能力圈，知道自己擅长做什么，不擅长做什么，优势和劣势在哪里，这样他们会把更多的精力聚焦在自己擅长的事情上，然后去发挥出最大的价值。

如果贝多芬去做雕塑，他可能努力一辈子也做不出什么成就；如果米开朗琪罗去弹钢琴，他同样也成不了音乐家。每个人都有天赋，所谓天赋，就是面对同一首歌，有些人可能学了几十遍也不会，但是你只听一遍就会唱。每个人也都有兴趣，兴趣就是你打心底里愿意去做的事情，即使这件事没有回报，你做起来依然满心欢喜。有了天赋，你才更容易成功，有了兴趣，你才更容易坚持。我们要找到的就是天赋和兴趣叠加的部分，然后倾注自己所有的力量。

我们都知道著名投资人巴菲特和查理·芒格，他们为什么能够创造那么多的投资传奇呢？核心秘诀只有一个，那就是他们一

直在自己的能力圈内做事。你去看他们的人生经历会发现，其实他们一生做的投资决策并不多，但是每次决策基本都能大赚一笔。为什么？因为他们很清楚自己能够做什么，不能触碰什么，所以他们不会做很多投资，也不会频繁地买进卖出，而是只选中自己擅长和了解的项目，重仓加持，一击必中，这也叫"只打甜蜜区的球"。

⟳ 敢于接受自己的不行，敢于承认自己的无知

很多人从来都不敢承认的错误，更不敢承认自己的无知，否则就觉得自己很没面子。当你具备这种心态的时候，你的人生就不可能有什么成长。

我们在前进的过程中会经历很多事，遭遇很多挫折，犯下很多错误，只有能从中积极反思、汲取养分，才会变得更强大。真正厉害的人都有一个特点，那就是善于倾听，敢于接受不同的意见和新鲜的概念。这都是建立在允许自己犯错、承认自己无知的前提下。所以，人想要变强大，一定要先从谦卑开始。

我以前认为自己记忆好，不用做笔记，后来我发现很多事如果不及时记录下来，确实也会忘，现在我又开始重新记笔记。另外，我也觉得自己直觉很准，料事如神，感觉一些事情只要安排下去，下属就能很好地完成，后来我发现做好一件事没有那么容易，于是开始转换思维，并不是"看不到问题就是没有问题"，

也不是"我不喜欢的就是错的"。我会倾听更多人的意见，收集更多的信息，然后再做决策，这样很多问题都能避免了。

这是我从自负到谦卑的一个转变，因为我明白了：是人皆弱，是人皆无知，没有人绝对强大。即使是世界冠军，他在真正的问题挑战面前也只是蝼蚁。唯一相对强大的，是对这一认识更为深刻，然后将一切建立在绝对弱者自觉之上的人，也就是那些付出很多努力去学习和练习如何作为一个弱者生存的人。要清楚认识到自己的绝对软弱，但那不是怯懦，而是一种真正的刚勇，是真正强大的起点。

苦乐皆转为道用，痛苦自会烟消云散

你是如何应对冲突的？是选择悄然逃开，还是歇斯底里地对抗？如果你的答案是愤怒，那接下来的内容需要深入地看下去，因为你会看到应对冲突的新选择。

王小波说：人的一切痛苦，本质上都是对自己无能的愤怒。我以前觉得未必如此绝对，有时候面对痛苦只是感觉内心无力，毕竟谁都不是圣人。不过随着这些年的学习，我悄然改变了想法，越发认同王小波的观点。

因为这世上很多东西无非都是人主观定义的，我们陷入某种情境中逃不出去，也并非无能为力，只是根据经验和惯性，选择了单一的应对方式，而没有尝试从其他视角看待这件事，也没有尝试更多的选择。当问题无法解决时，为了掩饰自己的无能，我们选择用愤怒来应对。

我的朋友刚子在一家私企工作，这三年来，他兢兢业业，勤奋努力，也得到了领导的器重，但是前几天，他突然说要辞职。原来，领导分配了一个项目，让他和 A 君负责。但是项目因为供应问题耽误了进度，结果领导直接对着刚子臭骂一顿，却丝毫没有问责 A 君。刚子内心很不爽，认为是 A 君在推卸责任，于是和 A 君大吵一架，并想辞职，一走了之。

这样的情况其实很常见，理论上讲，我们只要处于社会群体中，就会不可避免地和别人产生各种各样的冲突，比如和老婆吵架、和同事争吵，甚至和孩子也会针锋相对。产生冲突并不可怕，问题在于很多时候我们不了解冲突的解决办法，仿佛除了愤怒，无能为力。毫无疑问，冲突会给自己和他人带来严重的后果，那么为什么我们总是喜欢用冲突的方式去解决问题呢？

其实，冲突本质上也是一种自我保护的方式。当我们觉察到别人侵占了自己的边界，就会以战斗的方式来保护自己不受伤害，并伴随愤怒情绪的产生。从生存的角度来看，这一切似乎都没有问题，只不过从解决问题的效果来看，往往达不到自己想要的结果。那么，我们到底该如何避免冲突呢？

⟳ 利用情绪ABC理论，重新审视事件本身，平复情绪

心理学有一种常见的认知偏差叫作活动者—观察者效应，这是指行动者对自身行为归因不同于他人对此行为的归因：行动者倾向于把成功归因于个人特质，把失败归因于情境；而观察者则会更多地把成功归因于情境，把失败归因于个人特质。举个例子，你和朋友去参加一个饭局，如果是你迟到了，你就会倾向于归因情境来为自己开脱，比如堵车、临时有要紧事要处理；如果是朋友迟到了，你就会倾向于归因个人特质，比如朋友人品不好、他没有时间观念。

正是这种认知偏差，导致两个人在发生冲突的时候会倾向于认为自己总有苦衷，而对方有问题。就好像夫妻两人吵架的时候，妻子常常这样抱怨丈夫"你从来都是这么懒""你从来都是这个态度"。她们倾向于夸大事实，把一次小冲突上升到对方屡教不改的态度问题。如何更好地解决这个问题呢？情绪 ABC 理论可以帮助我们站在客观的视角重新看待事情本身，并以此来平复情绪。

情绪 ABC 理论认为，激发事件 A 只是引发情绪和行为结果 C 的间接原因，直接原因是个体对激发事件 A 的认知和评价而产生的信念 B。我们往往认为是事件直接导致了结果，但其实是我

们对事件的信念决定了最终结果。这个理论对我们的启发是：我们可以通过改变对一件事的信念，从而改变结果。比如丈夫拉着脸回家，坐在沙发上一言不发，你问他话，他也不回应。如果是往常，你可能会立刻生气，认为他简直莫名其妙，然后就是大吵一架。但是现在，你开始有意识地改变对事件的信念，推测他可能是在工作上遇到不舒心的事情。你尝试包容他的情绪，并决定等他心情好一些了再沟通。

当你能够重新审视这件事，改变自己的信念和看法，结果可能就完全不一样了，一场冲突就这样被成功避免了。当然，如果没有刻意练习，你很难做到每次都能及时转换信念。接下来还有一个相对简单的办法——禅宗的正念。过程很简单：如果你发现自己的情绪无法平复，不妨找个可以独处的环境，观察自己当下的情绪。往往用不了一分钟，你的情绪就会平复下来了。只要你能意识到自己的情绪，它对你的影响程度就能马上降低。

↻ 先进入对方的世界，让对方感到被理解

很多时候冲突的爆发往往是因为对方认为你并不理解他，换句话说，你没有先给对方营造一个安全区域。那么自然而然地，不管你接下来说什么、做什么，是否真心为他好，他都听不进去。比如你和女朋友发生争执，你努力使自己的情绪冷静下来，也努

力客观理性地去处理，然后你开始向她解释："其实，我认为这次吵架的原因是这样……"你满心以为关系会有所缓和，她却突然暴怒："你就知道给我讲道理！"其实原因就是：你没有让对方形成一种"我完全理解你"的感觉。共情能力非常重要，甚至远比你讲的大道理重要。

我有一位学员抱怨跟孩子的关系特别差，比如孩子在学校受欺负了，他也很用心地教育孩子，给孩子讲道理：要思考自己的问题，学校不像家里，在家里父母能够包容他，但是在学校就要和同学友好相处。他本以为自己是为孩子的将来考虑，但是没想到孩子却说："你们根本就不关心我，不懂我。"然后就进屋关门了。为什么会出现这种情况呢？就是因为父母没有先去抚慰和关心孩子，理解孩子的委屈，而是灌了一些冰冷的社会道理，孩子必然会很失落。

所以请记住，在面对冲突时，不要去争辩所谓的对错，讲大道理，而是要先认同对方、理解对方，然后再去探索对方的真实想法："你确定是这么想的吗？""我想听听你对这件事的真实看法。""如果是你，你希望怎么解决呢？""你想要达到一个怎样的结果？"这样对方会感觉到你是真的在意他的看法和建议，而不是咄咄逼人。与此同时，他也能够重新审视事情本身，也许就能意识到问题所在了。

小孩子才会认错，成年人往往直接认命

"认命"是一个很有意思的话题，也有很多人以此来鼓舞自己，却并不理解它的真正含义。你可以回忆一下，自己是否也曾这样摇旗呐喊过："我要奋斗，我绝不认命，我就不信自己做不成这件事……"那么很显然，你潜意识中将"认命"当作一个充满消极意义的词汇，认为认命就是妥协、颓废、无作为。不过并非如此。

我曾拜访过很多厉害的人，聆听他们能够成功的智慧，发现他们都有一个共性，那就是懂得认命。很多人会觉得认命是一种迷信，在我看来，不认命才是迷信。就像腾讯前副总裁吴军所说的，所谓不认命，就是以为世界上所有事情自己都能控制，其实这才是一种妄念，是对自己的迷信。

宇宙中一定存在着整个人类都无法控制的力量，只有承认了这一点，才是真正的唯物主义的态度。就像我们个体一样，每个人都有能力边界，很多事情是我们天生就做不到的，这和是否努力无关。所以认命不是一种消极的人生态度，而是一种敢于坦然、接受客观事实的勇敢。我们可从三个维度进行深入剖析。

◯ 第一个维度：见自己，听天命

我们经常说，人贵在有自知之明，也就是要清楚地知道自己

的长处和短处，了解自己的能力边界，然后在边界之内最大化自己的收益。其实这就是认命的第一个维度。为什么很多人很难成事呢？有两个原因。

首先，没有客观地认识自己，不知道自己的长处和价值点，总在错误的方向上努力，所以一无所获。其次，故意不认命，选择与命运抗争，以此彰显出自己的积极向上，结果总是跌得很惨。

我有个朋友开了一家烧烤店，生意做得还不错。后来他看到别人做网络项目很赚钱，就很眼红也想加入，当时他的家人和朋友都劝他不要去蹚这趟浑水，可是他不听，还大放厥词"我命由我不由天，年轻就要挑战命运。我能把烧烤店做得红火，这个项目我也能做好"。结果不到一个月，他就把所有的钱亏光了，之前开烧烤店赚的钱也全都赔了进去。

这就是典型的不认命，年轻人要勇于奋斗，敢于拼搏，是推崇一种不甘平凡的斗争精神，而不是在自己的能力范围外做事。很多人找我抱怨：我已经这么努力，已经付出这么多，为什么人生还是这么糟糕？我给他们的建议是：努力而未果，则要知止，用以反观自我。

我们要明白，一个真正能够成事的人，一定是对自己有着客观了解的人，他很清楚自己的能力范围在哪里，然后一直专注在这个范围之内做事。这是一种认命，也是一种智慧，但绝对不是消极。那么应该如何认识自己，知道自己的能力边界呢？有两种方式：自我认知和外在评价。

如果你刚步入社会，这时候最应该做的是先折腾，放手去做事，去见人，在这个过程中你才能发现自己擅长什么，不擅长什么。如果你已经在社会上摸爬滚打多年，请记住不要一觉得跟别人有差距就拼命努力，一味想通过牺牲更多的时间去缩小差距。你要做的是停下来反思，以逐步明确自己的能力边界。这都是有更清晰的自我认知的方法。

我们都知道，当局者迷，旁观者清。有时候，我们是很难看清自己的，这个时候也可以通过了解别人对自己的评价形成自我认知。有时候，别人的客观反馈会让我们更完整地认识自己。当然，别人的评价只是一种参考维度，大部分的自我认知还需要自己去探索、挖掘。

↻ 第二个维度：敢于接受错误和失败，没有过高的期待

你允许自己犯错吗？有没有因为自己做错某件事而痛苦不已，从而产生巨大的挫败感？如果有，那你还不太懂得认命。很多人对待错误和失败都不能保持客观的理性态度，他们要么选择逃避，要么选择推卸责任。

我有个朋友已经四五十岁了，每次跟他聊天，他都会念叨说自

己阴差阳错没有考上重点大学，抱憾终生。其实，这件事已经成为既成事实，无法改变。认命代表的就是放下，把过往的遗憾或者没有做到的事情放下，这样才会把更多的生命力用于创造未来。

有个农夫挑着一筐碗去集市上卖，路不好，他不小心打碎了一只碗。结果他看都不看这只碎了的碗，直接继续往前走。这时候旁边有个路人对他说："你的碗都碎了，你怎么不回去看一看呢？"他笑了笑说道："既然已经碎了，我还看它干什么，还不如抓紧赶路。"这个故事蕴含着大智慧，很多人就做不到农夫这样毅然决然，结果白白浪费自己的时间，等到了集市，天都黑了。

在认命的人眼里，错误和失败是无比正常的事，人生本来就是在"行动－出问题－调整－出问题－调整－成功"不断试错的过程。面对失败，他们首先检查是不是方法不对，其次检查是否在某方面确实能力不足，也就是方向问题。

他们的内心也深刻地明白，自己不是神，所以允许自己失败，允许自己是不完美的。他们会把每一次失败都看作一次绝佳的成长机会，把每次出现的问题都当作一次善意的提醒，甚至希望这些能早些出现在自己的生命里，这样就能更早地快速成长。

没有过高的期待，就要求我们尽力而为，但结果是自己无法掌控的。很多人用尽全力去做一件事情，最终却失败了，他们会很失落、伤心，就是因为对结果有很高的期待，当期待落空的时候，痛苦自然就产生了。但是高手知道，世间有很多事情，只要用尽全力去做就足够了，无须去管结果是好是坏，这就是一种去留随意，不悲不喜的人生态度。

这本质上也是一种认命，因上努力，果上随缘。当你具备这样的认知，你的人生就会充满阳光，对事情没有那么多期待。全力以赴就好，剩下的交给天意。

↻ 第三个维度：有一颗谦虚之心、敬畏之心

最高级的认命就是有一颗谦虚之心、敬畏之心，懂得我命虽由我，但终究有限。越是身居高位，就越要谨小慎微，明白"人外有人，天外有天"，接受自己的渺小，懂得世上有太多人力不可控的因素，对万物都有敬畏之心。一旦失了敬畏，必然会迷失自我，那么接下来决策失误的概率便会大大增加。

保持谦虚、敬畏之心，便能迅速成长。因为这个心态会让我们在和其他人相处的时候，更多地看到对方的闪光点，学习之心会胜过嫉妒之心。很多人之所以很难成长，因为他们遇到优秀的人，首先想到的是排斥、攻击和打压，这样做浪费掉的恰恰是学习、成长的机会。

保持谦虚、敬畏之心，能避免无妄之灾。人很多时候都是情绪化动物，如果有一点成绩就自我膨胀，生出诸多欲望，结果必

然是害苦自己。我们经常说想要毁掉一个人，最好的方式就是捧杀。直白点讲，就是灭掉他的敬畏之心，让他迷失自我，行不可行之事。有了敬畏之心，我们才能及时自我觉察，不惹无妄之灾。

读到这里，相信你应该明白，我所分析的认命和你以为的或许不是一个概念。一个人真正想要成事，首先要做的就是对命运有所敬畏，这是一种积极的人生态度，也是一种有利于自己成长的态度。

认命代表着你能够正确地审视自己、了解自己，明白自己的优劣势和能力边界在哪里，然后在能力范围内尽人事、听天命。认命的人持有一种泰然处之的人生态度，他们会尽自己最大的努力，但不那么执着于最终的结果，有勇气接受现实。